JN082226

# 大人女子デザイン

女性の心を動かすデザインアイデア53

ingectar-e

SE
SHOEISHA

# 本書内容に関するお問い合わせについて

本書に関する正誤表、ご質問については、下記のWebページをご参照ください。
・正誤表 https://www.shoeisha.co.jp/book/errata/
・刊行物Q&A https://www.shoeisha.co.jp/book/qa/

インターネットをご利用でない場合は、FAXまたは郵便にて、下記にお問い合わせください。
電話でのご質問は、お受けしておりません。

〒160-0006　東京都新宿区舟町5
㈱翔泳社 愛読者サービスセンター係
FAX 番号 03-5362-3818

---

## 注意事項

本書に掲載されたデザインは、全て架空の設定に基づくものです。したがって、本書に記載された人名、団体名、施設名、作品名、商品名、サービス名、イベント名、日程、商品等の価格、郵便番号、住所、電話番号、URL、メールアドレスその他の記載やパッケージや商品等のデザインは、全て架空の設定であり、実在するものではありません。アクセス等しないよう、ご留意ください。なお、アクセス等した結果、何らかの損害等が生じたとしても、一切責任を負うことはできません。

※本書に掲載されている画面イメージなどは、特定の設定に基づいた環境にて再現される一例です。
※作例に使用している画像は Adobe Stock（https://stock.adobe.com）を使用しています。
※本書に記載している CMYK および RGB の数値は参考値です。

# PREFACE

はじめに

今日、女性に向けられたデザインはたくさん溢れていますが、女性がその中で他と何か違いを感じ、つい手に取りたくなるようなものは一体どんなものでしょうか。

本書は、そんな疑問におこたえする53のデザインアイデア集です。

アイデアをどのように形にすれば、女性が惹かれる「女性らしいデザイン」を制作できるのか、そのポイントを、具体的な作例をもとに紹介します。どのアイデアも作例を見たら実践してみたくなるものばかりです。また、各章を「大人女子」にふさわしいテイストでカテゴライズしているので、テーマや目的にあったデザインをすぐに探していただけます。

デザインに携わる皆さまにとって、ポイントを押さえるだけで、大人っぽさや抜け感のある様々な「女性らしさ」を形にする一助となりましたら幸いです。

# COMPOSITION

## 本 書 の 構 成

本書は女性目線の大人っぽく洗練されたデザイン
53テーマを9つのテイストに分け、
それぞれのポイントを4ページでわかりやすく紹介しています。

### PAGE
### 1-2

作例のタイトル

デザインの特徴と
3つのポイントを指さし解説

レイアウト、使用している
配色とフォントの紹介

### 注 意 事 項

本書の作例に登場する個人名、団体名、住所や電話番号などはすべて架空のもので、
実在するものと一切関係ありません。

**Variation** | 応用テクニックで作るその他のデザインを紹介します。

**NG example** | 残念なNG例とOKになるコツをアドバイスします。

# CONTENTS

目 次

## COLUMN

Chapter 1

## SIMPLE

No.1 — No.5

No.1

色数を抑えて魅せる

No.2

写真を美しくトリミングする

No.3

文字をランダムに配置

No.4

文字の一部の色を変える

No.5

二色ベタの背景を使う

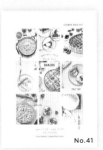
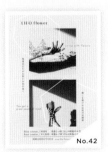

## Chapter 1

# SIMPLE

No.1 ——— No.5

デザインをシンプルにすることで、
抜け感が出てお洒落な印象に。

# No. 1

## ライフスタイル雑誌の表紙

彩度の低いビジュアルの上に文字を白抜きにすると大人の落ち着いた雰囲気を演出できる。

色数を抑えて魅せる

紙面に使う色数を少なくするだけで
グッと落ち着いた大人の雰囲気を作り出せます。

1. 写真自体も彩度を低くし
　 落ち着いた雰囲気を演出。

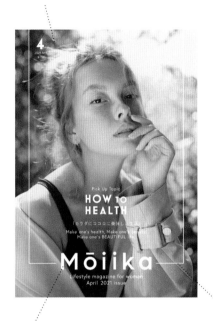

2. シンプルなサンセリフ体で統一。
　 丸みのあるフォントでさり気なく
　 女性らしさをプラス。

3. 文字情報も罫線も全て
　 一色に統一して清潔感を。

SIMPLE

---

**Layout:**

**Color:**

C22 M13 Y29 K0
R208 G212 B187

C38 M45 Y52 K0
R173 G144 B120

C68 M71 Y68 K28
R87 G69 B66

**Fonts:**

# Mōiika

Arboria / Medium

# Lifestyle

Europa-Regular /
Regular

# NG

## 文字色が写真と合っていない

◇◇◇◇◇

1 2

3 4

1. 色数が多すぎる。 2. 彩度が高すぎる。 3. 視認性が低い。 4. 情報の優先順位がおかしい。

# OK

## シンプルで清潔感がある

1

2

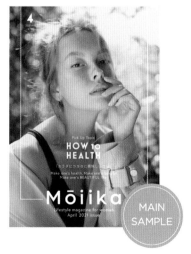

**POINT**

色数を絞ることで見る側の視線を集中させる効果があります。色を使うならポイント使いに。清潔感を保ちつつアクセントをプラスできます。

1. ワントーンでシンプルな構成に。2. アクセントカラーを使ってデザインのポイントに。

# No. 2

## バレエ発表会のポスター

MODERN
BALLET
*Studio Concert vol.8*

Guest Dancers

MONIKA
AMELIA GRETA

2021.9.25 sat

open 17:00
start 17:30

ticket 2,000yen

@UTAKA HALL
東京都港区麻布十番16-89
TEL 032-1723-5574

Ballet Studio LIMEO
www.limeo_studio.com

バレリーナが八割見える位置でトリミングし、余白を多くとることで紙面に静寂さと緊張感を。

# 写真を美しくトリミングする

写真を上手くトリミングできるかどうかで
情報の伝わりやすさが決まります。

**1.** モノクロ写真に合わせて
紙面全体を一色に統一。

MODERN
BALLET

*Studio Concert vol.8*

Guest Dancers

MONIKA
AMELIA GRETA

2021.9.25 sat

open 17:00
start 17:30

ticket 2,000yen

@ UTAKA HALL
東京都港区麻布2丁目16-89
TEL 032-1720-5574

Ballet Studio LIMEO
www.limeo_studio.com

**2.** サンセリフ体で揃えることで
上品な雰囲気を構築できる。

**3.** 敢えて一部のみトリミングする
ことで紙面に緊張感が生まれ、
想像力を掻き立てる効果が。

---

**Layout:**

**Color:**

 C0 M0 Y0 K11
R237 G237 B237

 C0 M0 Y0 K41
R179 G179 B179

C0 M0 Y0 K78
R93 G93 B93

**Fonts:**

# MODERN

Whitman Display /
Regular

*Concert*

Sheila / Regular

# NG

## 情報が伝わりづらい

1. 写真が大きすぎて何のポスターか分からない。 2. 写真が小さすぎて印象が薄い。
3. ポーズの先端が全て切れていて何のポスターか分からない。 4. 手足の先端が枠線ぎりぎりで不細工。

# OK

## 伝えたい意図が分かる

◇◇◇◇◇

1

2

MODERN
BALLET

Guest Dancers

MONIKA
AMELIA GRETA

2021.9.25 sat

open 17:00
start 17:30

ticket 2,000yen

@UTAKA HALL

MAIN
SAMPLE

POINT

敢えて全体を見せずにトリミングすることで見えている部分を強調し、隠れている部分には見ている側の想像力を掻き立てる効果が生まれます。

1. バラバラの距離感でトリミングしてストーリー性を紙面に作る。
2. バストアップと引きの写真を組み合わせて空間を演出。

アパレルブランドの
ポップアップショップ告知ポスター

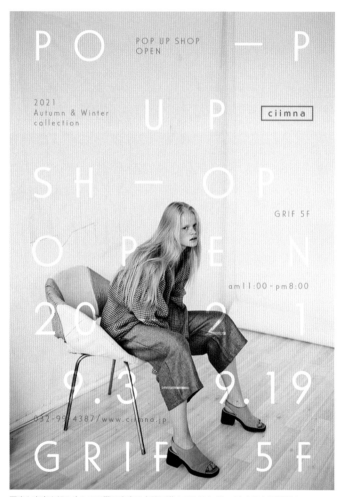

写真と文字を組み合わせる際に文字で大胆に遊んでみるとインパクトのある紙面に。

# 文字をランダムに配置

シンプルでもインパクトが欲しいとき 敢えて文字が主役となるビジュアルを 作ってみてはどうでしょう？

**1.** 写真の上に文字を重ねて 写真も文字も見せるレイアウトに。

**2.** 文字を紙面全体に散りばめる だけでこなれた雰囲気に。

**3.** 文字の間に詳細情報を入れ込む ことで紙面にリズムが生まれる。

---

**Layout:**

**Color:**

C51 M24 Y53 K0
R140 G168 B132

C87 M54 Y80 K0
R32 G105 B80

C15 M13 Y11 K0
R223 G220 B221

**Fonts:**

POP
Casablanca URW / Light

2021
Century Gothic Pro /
Regular

1

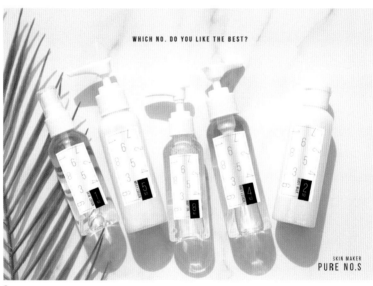

2

1. 文字にいろんな角度をつけて罫線と組み合わせる。　2. 数字を並べて散らすだけでお洒落な雰囲気に。

ひとひら

彼女は

あの日、

ひら

主演　千歳　麻美

監督　守口　圭吾

中村 友晴/水野 阿澄
村上 達正/野瀬 明
溝口 千/三浦 時照

脚本・演出/三嶋 俊明
音楽/シミニーミュージック
舞台演出/岡田 達海
企画/セイクロレクチャーズ
製作/東陽ムービー

姿を消した。

ROADSHOW 3.6 sat

和文も大胆に一文字一文字間隔を空けて配置すると紙面に程良い空気感が。

<h2 style="text-align:center">POINT</h2>

—

文字情報をただの情報として扱うのではなく、
デザイン要素としてメインビジュアルにすると
シンプルながらも面白味のある紙面に仕上がります。

# No. 4

## 母の日フェアの告知ポスター

HAPPY
MOTHER'S
DAY
GIFT FAIR

2021.5.1 sat - 5.9 sun

@MILUKA 1F

am10:00 - pm8:00
032-1298-6643
https://www.miluka.jp

文字の一部に手を加えるだけで打ち文字だけでは作れないこだわりが伝わる紙面が作れる。

# 文字の一部の色を変える

そのまま打ち文字を使うより、一部だけ変化をつけるとさり気なく印象深い紙面に。

**1.** 文字を分解して一部のみ色と形を変形させて視線を集める。

**2.** ウエートの軽いフォントを選ぶことで品の良さを損なわず印象的な紙面に。

**3.** 文字は二色使いにして変化をつけた部分をより際立たせる。

---

**Layout:**

**Color:**

C0 M50 Y25 K0
R242 G156 B159

C15 M24 Y32 K0
R222 G198 B173

C18 M9 Y13 K10
R217 G224 B221

**Fonts:**

# HAPPY

Imperial URW / Regular

am10:00

Omnes / ExtraLight

1

2

1. 文字の一部をイラストと同じグラデーションに。 2. 和文も一部色を変えるだけで柔らかい印象に。

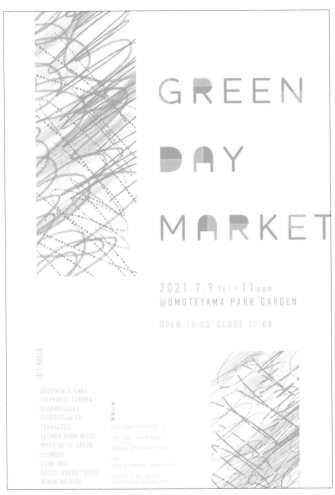

文字の一部を塗り潰して色を変えると、その部分に視線が集中する。

## POINT

—

既存のフォントに少し手を加えるだけで
狙った印象を表現できます。文字でちょっとした
スパイスを加えたいときにぴったりの手法です。

# No. 5

## アイスショップの新商品告知ポスター

背景を斜めに区切ることで整列配置の商品が目立つ構成に。二色使うことにより商品イメージを一層強く印象付けることができる。

# 二色ベタの背景を使う

背景を二色にするだけで
紙面がパッと華やかに。

**1.** 商品に合わせた配色で
背景を二色に。

**2.** 色味の彩度を抑えることで
同色でも商品に目がいく配色に。

**3.** スラブセリフ体と
スクリプト体の組み合わせだと
ポップになりすぎず◎。

---

**Layout:**

**Color:**

C4 M6 Y22 K0
R248 G240 B209

C15 M5 Y25 K0
R225 G231 B203

C56 M20 Y93 K0
R129 G166 B58

**Fonts:**

NEW
Joanna Nova / Light

Al Fresco / Regular

# NG

## 背景により商品の良さが伝わらない

◇◇◇◇◇

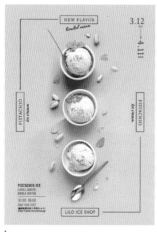

1. 彩度が強すぎる。 2. 華やかさがない。 3. 明度が違いすぎて悪目立ち。
4. 類似色で二色にする意味がない。

# OK

## 文字がデザインのポイントに

◇◇◇◇◇

1

2

**POINT**

シンプルな構成に少し華やかさを
足したいときにおすすめの手法。
彩度を抑えめにすると子供っぽく
なりすぎず程良いバランスに。

MAIN
SAMPLE

1. 縦に分割して文字情報を一気に読ませる構成に。
2. ラベルを二色にするだけで目を引くパッケージに。

# 「大人女子にはニュアンスカラーがお似合い」

「ニュアンス」とはフランス語で「微妙な差異」「曖昧な」という意味。
ニュアンスカラーは全体的に彩度が低めでグレーがかった色合いが特徴です。
近頃よく耳にする「くすみカラー」もニュアンスカラーとほぼ同じ意味の言葉です。
ニュアンスカラーを使ったデザインにすることで、ビビッドやパステルなカラー
よりも落ち着いて洗練された印象になります。

**01** / **OFF WHITE**

白だと甘くなりすぎるが、オ
フホワイトなら落ち着いた
上品な大人っぽさが感じら
れる。ベージュやブラウン
と合わせると柔らかい印象に。
アクセントで黒を入れて引
き締めるのも◎。

**02** / **BLUE**

彩度を抑えたブルーはどの
色とも相性がよく爽やか。
クールでお洒落な雰囲気と、
女性らしい雰囲気を同時に
演出してくれる色味。シル
バーと合わせると清楚で洗
練されたイメージに。

**03** / **PINK**

くすみピンクなら甘すぎず
大人の魅力を引き出してく
れる。ビビッドなピンクよ
りも落ち着いてこなれた雰
囲気に。淡いグレーと合わ
せるとより上品さが漂う。

**04** / **PURPLE**

くすんだパープルは、落ち
着いた大人っぽい雰囲気で
お洒落度が一気に上がる。
グレーやゴールドとも相性
がよく、上品で綺麗めな印
象を与えてくれる。

**05** / **GREEN**

ピスタチオのようなカラー
にグレーを加えたスモーキー
なグリーンは、カジュアル
な中に華やかさが生まれ、
女性らしさがプラスされる。
ベージュと合わせるとカジュ
アルで優しい雰囲気に。

**06** / **BEIGE**

ベージュはどんな色にも馴
染む優れた色で、優しげな
柔らかい印象を作れる。上
品な中にカジュアルさもあり、
大人可愛い女性のイメージ
にぴったり。

## Chapter 2

# NATURAL

No.6 ——— No.11

ナチュラルな表現を取り入れることで、
自然体で柔らかい雰囲気に。

# No. 6

## 映画の告知ポスター

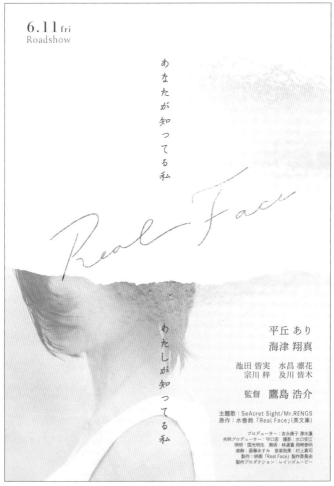

写真の上に紙のテクスチャを。破れた質感もプラスするとよりリアリティが増して◎。

## 紙のような質感

紙のテクスチャを使うと、つい触りたくなるような艶やかで美しい表現が作れます。

**1.** タイトルのみに手書き文字を使ってアクセントを。

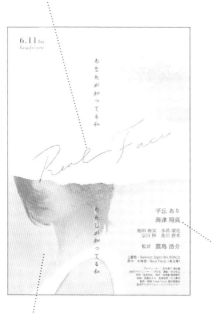

**2.** タイトル以外の文字情報は明朝体でスマートな印象に。

**3.** 光沢のある紙の質感を写真に被せると不思議な世界観が。

NATURAL

---

**Layout:**

**Color:**

C30 M3 Y2 K0
R187 G223 B244

C0 M18 Y0 K0
R251 G224 B236

C0 M0 Y0 K78
R93 G93 B93

**Fonts:**

あなたが
TA - 楷 Regular

6.11fri
Bodoni URW / Regular

035

1

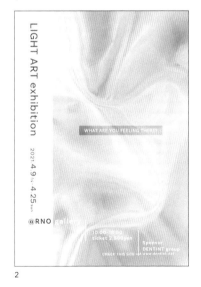

2

3

1. 紙の質感をダイレクトに活かせる活版印刷風に。 2. 光沢感のある紙質を大胆に使って今っぽい雰囲気を演出。 3. 本物の紙を貼り付けたようなシンプルながらもインパクトある表現に。

chikaya teramoto
solo exhibition

PHOTO / ART

"bright world"

2021/10/15 fri – 10/24 sun
10:00–19:00
ticket FREE
@MORInoHEYA AOYAMA
東京都港区青山西12-3-4
tel: 035 - 8873 - 1298
www.chikayateramoto.com

写真全面に粗めの紙テクスチャを透過して重ねることで独特の世界観を演出。

POINT
—

様々な種類の紙テクスチャを加えるだけで
質感や肌触りなどを想像できるような独特の世界観を
演出することができ、見ている人の想像力を掻き立てます。

写真を大胆に使う際に透過オブジェクトを使うと、柔らかく清潔感・透明度のある紙面に。

# 透過させて重ねる

写真の上に透明度のあるオブジェクトを重ねてその上に文字情報を配置すると写真の雰囲気を損なうことなく情報もクリアに伝えられます。

**1.** 写真を大きく扱うことで
写真の印象をより強く鮮明に。

**2.** 文字情報は透過オブジェクト内に
収めてシンプルにまとめる。

**3.** 縦長フォントと細身フォントの
組み合わせで上品さを。

---

**Layout:**

**Color:**

C14 M22 Y57 K0
R226 G200 B124

C62 M12 Y29 K0
R96 G177 B183

C33 M14 Y39 K0
R184 G200 B166

**Fonts:**

# BRIDAL

Poynter Oldstyle Display /
Roman

# FAIR

DIN Condensed L /
Light

# NG

## 文字情報と写真の一体感がない

1

2

3

4

1. ベタオブジェクトが写真の邪魔に。 2. 配色が写真と合っていない。
3. 透過オブジェクトが大きすぎる。 4. 透明度が高すぎて透過させている意味がない。

# OK

## 写真も文字情報もクリアに伝わる

1

2

POINT

紙面に透明感や清潔感をプラスしたいときや、写真も文字情報も一気に見せたいときにおすすめの手法です。

1. パターン柄を透過させて世界観を演出。
2. キーカラーと同色のオブジェクトを使ってタイトルに視線を集中させる。

# No. 8

## オープンハウスの告知チラシ

10
/
2 sat
·
3 sun

WELCOME
TO OUR
OPEN HOUSE
by Tens Design

10:00-17:00

真っ白な図面から
あなたの夢を
カタチにします

完成見学会
完全予約制
055-1782-7734

Tens Design www.tensdesign.net

影をメインビジュアルに。空間に沿って文字を配置するとシンプルながらも印象に残る紙面に。

# 影を使う

影の写真を使うことで、抜け感と気持ちの良い空気感を感じられる紙面を作ることができます。

**1.** 窓の影を一面に使い、光の部分に文字情報を集中させシンプルにまとめる。

**2.** スラブセリフ体でひとくせ感じさせる紙面に。

**3.** 空間の遠近感に合わせてさり気なく文字を配置。

---

**Layout:**

**Color:**

C28 M16 Y13 K0
R193 G204 B212

C74 M48 Y35 K0
R78 G119 B143

C10 M7 Y9 K0
R234 G234 B232

**Fonts:**

WELCOME
DapiferStencil / Light

Design
Josefin Slab / Regular

1

2

1. 商品の上に敢えて植物の影を落とし、ナチュラルな空間を演出。
2. 紙面の一部にのみ影の写真を入れて優しく柔らかい雰囲気をプラス。

角版写真の上に植物の影を透過して重ねると奥行きを感じられる印象的な紙面に。

POINT

一見主役になり得ない「影」をビジュアル要素として使うと
紙面に奥行きが生まれ、自然な空気感を演出でき、
優しくもインパクトのある印象的な紙面を作れます。

# No. 9

## 植物イベントの告知チラシ

背景以外の要素を全て中央に集めることで画面が整頓され自然と文字情報が入ってくる紙面に。

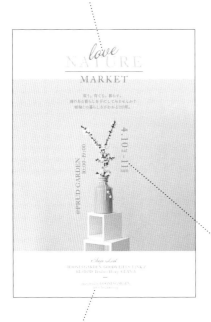

**1.** セリフ体の上にスクリプト体を
斜めに被せて配置してアクセントを。

中央に収める

文字情報やメインビジュアルを
中央に収まるように配置すると、
清潔でまとまりのある紙面になります。

**2.** 縦長配置の被写体に
合わせて文字情報も
縦方向に配置。

**3.** 被写体と文字情報を中央揃えで
配置して清潔感と読みやすさを重視。

---

**Layout:**

**Color:**

C0 M28 Y23 K0
R248 G202 B186

C55 M46 Y44 K0
R133 G133 B132

C17 M13 Y13 K0
R218 G218 B217

**Fonts:**

NATURE
LTC Caslon Pro / Regular

*love*
Annabelle JF / Regular

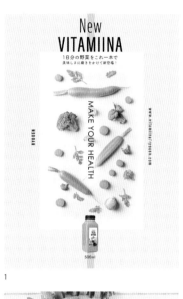

1

2

3

4

1. フレームの上下左右に全ての要素を集中させる。 2. 文字情報のみを中央に配置して読ませる紙面に。
3. ベタ背景の中に全文字情報を収める。 4. グリッドを使った写真配置を縦長中央揃えに。

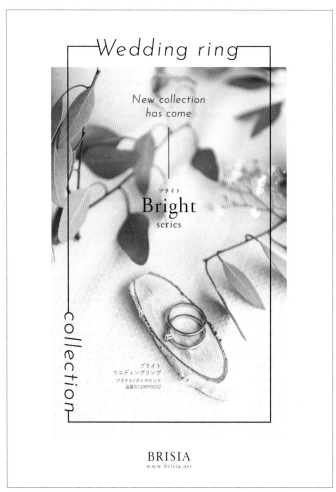

*Wedding ring*

New collection
has come

ブライト
Bright
series

collection

ブライト
ウエディングリング
プラチナ/ダイヤモンド
品番B120990032

BRISIA
www.brisia.net

文字を組み合わせたフレームと写真を中央配置にして商品と文字情報に視線を集める。

POINT
—

文字情報を自然な流れで読ませたいときに
効果的なレイアウト手法です。部分的にも全体的にも
中央を意識すると意図が伝わりやすい紙面になります。

# No.10

## ファッション雑誌の本文ページ

MUST ITEM — 2

### ELEGANT プラスのゴールド効果で「可憐」見せ

いつものコーデに華奢なゴールドアイテムをプラスするだけで逆に抜け感が出て
女性らしい柔らかさが。外から見えるアイテムだけでなくデイリーユースなコスメにもゴールドを。
コスメ選びにまでこだわることで内面の輝かしさも加速しそう。

1.フラワーデザインゴールドピアス 24,500円＋税/ディアラス 2.ゴールド2連リング 35,000円＋
税/ソディアレ 3.ピンクゴールドアイシャドウ 10,800円＋税/ネリス 4.フローラルラヴァーズパ
ヒューム 15,000円/税 サントラ 5.ゴールドグリッター入ディープレッドネイル 1,200円＋税/アテ
ルナ 6.マットディープレッドリップ 2,800円＋税/ネリス

NELGIS 112

上から撮った構図でランダムに配置された写真を使うとナチュラルな空気感を演出できる。

**1.** サンセリフ体でも細身で縦長のものを
選ぶことで洗練された印象に。

# モノを俯瞰で撮って並べる

モチーフを上から撮った写真を使うだけで
清潔感のある紙面を作れます。

**2.** ランダムに並べた商品写真を使って
空気感を感じる紙面に。

**3.** 写真に使われている色で
紙面全体を構成し、統一感を。

---

**Layout:**

**Color:**

C3 M16 Y12 K0
R246 G224 B218

C0 M0 Y0 K100
R0 G0 B0

C16 M14 Y12 K0
R220 G217 B218

**Fonts:**

ELEGANT
Bebas Neue / Regular

MUST ITEM
Basic Sans / Thin It

1

2

3

1. 片側に寄せて整列させた写真を使ってインパクトを。2. 中央に綺麗に整列された写真を使って清潔感を。
3. 同じ形＆サイズ感のモノを斜めに並べて背景に。

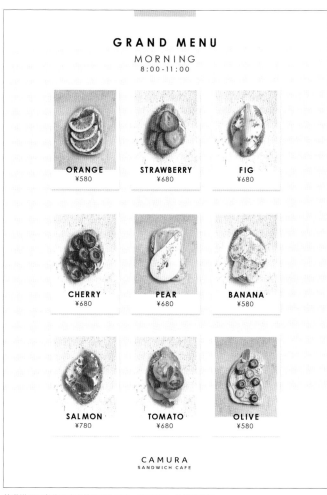

**GRAND MENU**

MORNING
8:00-11:00

**ORANGE**
¥580

**STRAWBERRY**
¥680

**FIG**
¥680

**CHERRY**
¥680

**PEAR**
¥680

**BANANA**
¥580

**SALMON**
¥780

**TOMATO**
¥680

**OLIVE**
¥580

CAMURA
SANDWICH CAFE

俯瞰構図の単体写真を整列させてすっきりスマートな印象に。

POINT
───

上から撮った構図の写真をどう扱うかで
レイアウトにバリエーションが出て表現の幅が広がります。
ランダムだと自然な空気感が。整列すると洗練された印象に。

# No. 11

## グラノーラ専門店の広告

カラダにおいしい、カラダ喜ぶ、

MY
GRANO

NATURAL
GRANOLA
SHOP

私だけのグラノーラ見つけた。

OPEN 11:00
CLOSE 20:00

IMARIE B1F

073-1653-9965
www.mygrano.jp

30種類以上のシリアルから
あなたの健康とご要望内容に
合わせて自由にカスタマイズ!
オリジナルのグラノーラを
作って毎日ハッピーに生きよう!

不規則な曲線で写真をトリミングすることで紙面に柔軟さが加わり優しい印象を作れる。

# 写真のトリミングを有機的な形に

写真のトリミングの仕方に少し手を加えることで柔らかく優しい雰囲気を作り出せます。

**1.** 商品写真を自由な曲線で
トリミングして柔らかい印象を。

**2.** キャッチコピーを曲線に
合わせて配置し、
紙面に動きをプラス。

**3.** 文字情報はスッキリまとめて
紙面を引き締める。

**Layout:**

**Color:**

C9 M7 Y4 K0
R236 G236 B241

C68 M65 Y67 K20
R92 G83 B76

C4 M21 Y38 K0
R244 G211 B164

**Fonts:**

GRANO
Cholla Sans OT / Thin

カラダに
TA-ことだまR

# NG

## トリミングの形を活かせてない

1

2

3

4

1. 重なりすぎていてバランスが悪い。 2. 写真の枚数が多く、くどい印象に。
3. 無機質な形で紙面に動きもポイントもない。 4. 写真が大きすぎて形によるインパクトがない。

# OK

## 紙面に優しい空気感が生まれている

1

2

動きを出したいときや、
独特の空気感を演出したいときに
ぴったりのテクニックです。
形を活かすためには余白がポイント。

POINT

1. 写真の上にさらに自由曲線で描いたシェイプを重ね、デザインのポイントに。
2. トリミングと同じ不規則な直線で描いたシェイプを文字情報の背景にも使い世界観を演出。

# 「 大人女子の心に響くピンクを押さえよう 」

「ピンク」と聞いて頭に浮かぶのはどんなピンクでしょうか。
ひと口にピンクといっても、その色味が与える印象は様々。
大きく分けて、青みがかった寒色系のピンクと、黄みがかった暖色系のピンクの
2種類があります。
同じピンクでも、色味の違いや使い方でかなり印象が変わるので、このコラムを
読んだ後に、ぜひもう一度ピンクに注目して作例を見てみてください。

| 青みピンク | 　青みが強いパープル寄りのピンクで、ポイント使いをするとインパクトの
ある、粋でお洒落なデザインに（P72~75参照）。全面に使うと、キツいイ
メージになったり子供っぽく見えてしまうので使う分量に注意。

| C4 | C5 | C2 | C10 | C0 |
|---|---|---|---|---|
| M47 | M60 | M30 | M79 | M84 |
| Y0 | Y0 | Y0 | Y0 | Y0 |
| K0 | K0 | K0 | K0 | K0 |
| | | | | |
| R235 | R230 | R244 | R218 | R232 |
| G162 | G132 | G200 | G83 | G69 |
| B197 | B179 | B221 | B153 | B146 |

全体に使うとキツく見える。

| 黄みピンク | 　ピンクが全体のメインとなるような、大人女子に向けたデザインには、黄色
が混ざった「黄みピンク」の方が、柔らかく落ち着いた印象を与える。特にベー
ジュに近い色味のピンクは、抜け感があり、より大人っぽさが増して◎。

| C0 | C0 | C0 | C0 | C0 |
|---|---|---|---|---|
| M48 | M52 | M23 | M37 | M45 |
| Y20 | Y17 | Y12 | Y12 | Y23 |
| K22 | K0 | K14 | K4 | K5 |
| | | | | |
| R206 | R241 | R227 | R240 | R232 |
| G137 | G152 | G194 | G181 | G163 |
| B145 | B168 | B192 | B190 | B167 |

落ち着いて大人っぽくなる。

## Chapter 3

# POP

No.12 ——— No.18

色使いや文字使いをひと工夫するだけで、
ポップで楽しいデザインに。

## コスメブランドの新コレクション発売広告

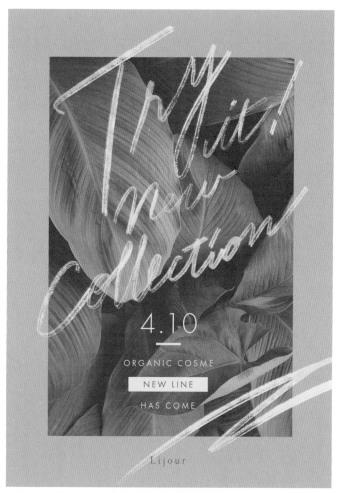

かすれたペンで書いた文字を同系色でまとめた背景に重ねるだけで目を引く紙面に。

# かすれたペンを使う

かすれたペンを使って、手書き文字にするだけでキャッチーに。

**1.** 手書きのキャッチコピーでインパクトを。

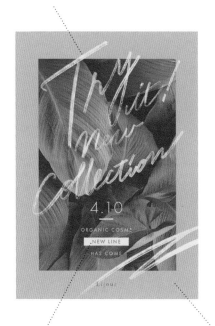

**2.** 詳細情報はシンプルに細身のサンセリフ体で。

**3.** 同系色でまとめると大人な雰囲気に。

---

**Layout:**

**Color:**

C42 M27 Y36 K0
R162 G173 B161

C28 M0 Y74 K0
R199 G219 B94

C75 M56 Y87 K19
R74 G93 B58

**Fonts:**

ORGANIC
Futura PT / Book

Lijour
GaramondFBDisplay /
Regular

1

2

3

1. 細身のペンで白抜き文字にして女性らしく。 2. 太めの黒のマーカーペンで大人ポップに。
3. 和文と欧文をラフなタッチで書いて抜け感を。

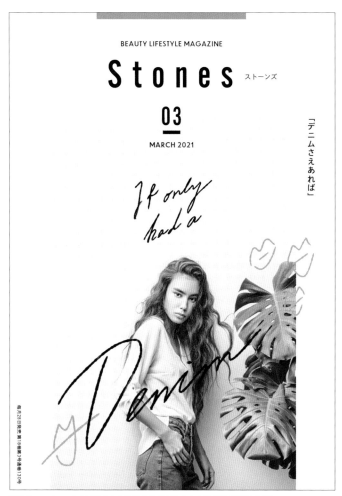

細身のマーカーペンでイラストと組み合わせると大人な遊び心が演出できる。

POINT
—

手書き文字をプラスするだけでデザインのアクセントに。
かすれたペンを使用することでこなれ感が演出でき、
ペンの太さを変えるだけで表現の幅が広がります。

# No. 13

## アパレルブランドの展示会招待DM

#07

EXHIBITION

2021 AUTUMN&WINTER
COLLECTION

2021.3.10(WED)
-3.12(FRI)

ALL DAY/10:00-19:00
@PINE TABLES 1F
大阪府佐伯市神宮町276-15

平素は格別のお引き立てを賜り御礼
申し上げます。2021秋冬レディース
アパレル展示会を開催致します。ご多
用のところ恐れ入りますがご来場い
ただけますようご案内申し上げます。

徹底して二色に統一すると配色がポップでも落ち着いた雰囲気が作れる。

# 二色印刷風

ビジュアルも文字も二色に統一すると、レトロな雰囲気を演出できます。

**1.** 写真も文字も二色に統一して作る。

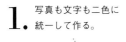

**2.** ポイントとなる情報のみセリフ体に。

**3.** 二色の分量を揃えるとまとまった印象に。

---

**Layout:**

**Color:**

C45 M2 Y25 K0
R149 G207 B200

C2 M30 Y18 K2
R242 G196 B191

C1 M8 Y4 K19
R220 G211 B211

**Fonts:**

#07
FreightText Pro / Book

EXHIBITION
Titular / Regular

# NG

## 色数や配色、使用バランスが悪い

◇◇◇◇◇

1

2

3

4

1. 色数が多すぎる。 2. 二色の差がない。 3. 彩度が高すぎる。 4. 二色の使用量の差がありすぎる。

# OK

## 二色を同量に使いレトロポップに

◇◇◇◇◇

1

2

MAIN
SAMPLE

POINT

二色に統一するだけで自然と
目に飛び込んでくる紙面が作れます。
大人の雰囲気を保ちつつも
ポップに見せたいなら
彩度の低い配色がおすすめ。

1. イラストを二色に。 2. 二色の写真を多数整列。

# No. 14

## コスメの新商品広告

READY BAUDY

NEW *autumn* COLLECTION

NUDIEUM series

9.3fri Release

スキン ファンデーション 30g 全5色 各5,900円＋税
アイカラー 全5色 各2,500円＋税
チーキーチーク全3色 各3,800円＋税

大人の女性をターゲットとするならフレームの罫線を細くすると上品な雰囲気に。

## マンガのコマ割りの枠線を入れる

写真に罫線でフレームをつけるだけで程良くカジュアルダウンできます。

**1.** フレームの線幅は細く
あくまで写真が目立つように。

**2.** 商品ビジュアルが目立つように
文字情報は下部にまとめる。

**3.** 商品カラーを紙面全体に
使用し、世界観を作り込む。

---

**Layout:**

**Color:**

C5 M14 Y16 K0
R243 G226 B213

C24 M44 Y59 K0
R202 G154 B107

**Fonts:**

# READY

DIN / Condensed Light

# NEW

Filosofia OT / Bold

# NG

## 商品のターゲット層に合っていない

◇◇◇◇◇

1

2

3

4

1. 罫線が太すぎる。 2. 彩度が高すぎる。 3. 窮屈で見づらい。 4. 目が散って情報が入ってこない。

# OK

## ハズシのポイントとして使用

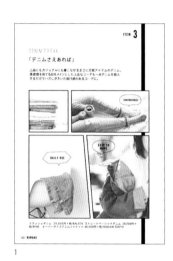

1

2

READY BAUDY

NEW autumn COLLECTION

NUDIEUM series

9.3fri Release

MAIN
SAMPLE

**POINT**

女性らしさを保ちながらもフレームを使って少しカジュアルダウンさせたいなら細めのラインでシンプルなコマ割りにすると洗練された印象に。

1. 吹き出しも入れて大人ポップに。 2. 大きなコマ割りでインパクトを。

# No. 15

## 水着の催事ポスター

白地にピンクのイラストが映え、紙面を一気に引き締めてくれる。

## ビビッドなピンクの イラストを使う

イラストをビビッドピンクにするだけで遊び心の効いたビジュアルに。

**1.** イラスト以外は 全て一色に統一。

**2.** 文字情報は 細身のサンセリフ体に。

**3.** イラストは ワンポイント使いに。

POP

---

**Layout:**

**Color:**

C0 M84 Y13 K0
R232 G71 B134

C34 M27 Y25 K0
R181 G180 B181

**Fonts:**

SUMMER
Europa / Light

POP UP
DIN Condensed / Light

1

2

3

4

1. ポップなタッチも線画にするとお洒落。 2. 編みかけ加工でレトロな印刷風に。
3. ラフな手書きタッチの線画をピンクにしてアクセントに。 4. ベタ塗りイラストの色数を絞ってこなれ感を。

手書きイラストを全面に敷いても◎。

POINT

—

イラストを使うと一見子供っぽい印象になりがちですが、
インパクトのあるビビッドピンクをアクセントに使うと
一気に大人の粋なビジュアルに。

# No. 16

## ファッション雑誌の本文ページ

— RECOMMENDED —
COORDINATE

SMOKEY PINK × DENIM

DUSKY
COLOR

01
SMOKEY PINK
「甘くないピンク」

落ち着いたトーンのピンクに
デニムを合わせて大人っぽ
さをキープ。なじませ役に
ベージュをはさむと程よい
抜け感が。

コットンキャミソール 15,000 円+税 /MASON JIP (メイソンジップ) デニム
ショートパンツ 20,000 円+税 /ANJIT (アンジット) リボンサンダル 18,000
円+税 /ROOMIAS (ルーミアス) ピアス 3,500 円+税 /PINPUS (ピンパス) サ
ングラス 22,000 円+税 /CIGSONIA (シグソニア) リング (スタイリスト私物)

LILuG 138

写真の形に合わせて文字を配置すると、自然なデザインのアクセントになる。

# 文字をラウンドさせる

文字をアーチにするだけで、
カジュアルな雰囲気を作れます。

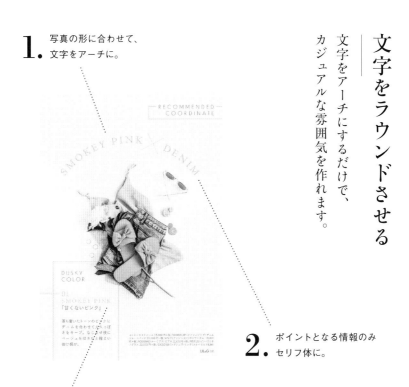

**1.** 写真の形に合わせて、
文字をアーチに。

**2.** ポイントとなる情報のみ
セリフ体に。

**3.** 写真の色味に合わせて、
くすみカラーで全体をまとめる。

**Layout:**

**Color:**

C13 M29 Y18 K0
R224 G192 B193

C33 M20 Y16 K0
R182 G193 B203

C64 M56 Y53 K2
R112 G111 B111

**Fonts:**

PINK
Adobe Jenson Pro /
Regular

COLOR
Dunbar Low / Light

1

2

3

1. フレームに入れてポップなアクセントに。 2. 見出しを全てラウンドさせてインパクトを。
3. ラウンド文字のみ手書き文字でラフな印象に。

Limited-time
Menu

FIGS PANCAKE

9/10 fri — 10/24 sun

Single ¥880
Drink set ¥1,200

CAFE
PALITE    Open 11:00 / Close 20:00   TEL 033-1675-8832   大阪府香芝市上地台6-2-9

写真の余白に敢えて被せて紙面にまとまりをつける。

POINT
—

落ち着いた、大人っぽい雰囲気の紙面に
アクセントとしてラウンド文字を加えると
上手くカジュアルダウンできます。

POP

## ファッション雑誌の表紙

POP

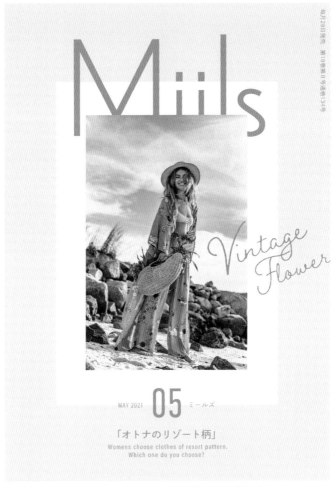

毎月28日発売　第18巻第8号通巻134号

Miils

MAY 2021　05　ミールズ

「オトナのリゾート柄」
Womens choose clothes of resort pattern.
Which one do you choose?

Vintage Flower

一番見せたい服の色にタイトルの色を合わせると注目度が上がり効果的なアイキャッチに。

写真にある色で構成する

写真に写っている色を他の要素に使うと紙面に統一感が生まれます。

**1.** 文字を大きくするなら、縦長フォントでスタイリッシュに。

**2.** 文字情報は全てモデルの服の色と合わせて世界観を統一。

**3.** 一部にのみスクリプト体を使うことでデザインにアクセントを。

**Layout:**

**Color:**

C13 M62 Y75 K0
R218 G123 B67

C9 M9 Y24 K0
R237 G230 B202

C51 M18 Y21 K0
R135 G180 B193

**Fonts:**

Miils
Dunbar Low / Light

Vintage
Braisetto / Regular

1

2

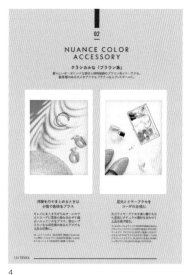

3

4

1. 背景色と文字色を二色で構成。 2. 文字色を全てキーカラーに。 3. 背景にキーカラーを敷き詰め。
4. キーカラーのベタ背景でシンプルに。

背景カラーを二色に分割することで、紙面にリズムがつけられる。

POINT

写真がメインのデザインならキーカラーを抜粋して
他の要素にポイントとして使うと世界観が作り込みやすく
統一感が出て効果的です。

# No. 18

## アパレルブランドのLOOKBOOK表紙

2021

AUTUMN

&

WINTER

COLLECTION

LOOKBOOK

vol. 09

GLARIS

余白に合わせて中抜き文字を配置すると、自然なデザインのアクセントになる。

## 中抜き文字を使う

文字を中抜きにするだけで、一気にポップな雰囲気に。

**1.** 細身のフォントで繊細な印象に。

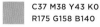

**2.** その他の情報は、小さく白抜きにしてメリハリを。

**3.** 大きく扱う文字を中抜きにして、ポップなアイキャッチに。

---

**Layout:**

**Color:**

C16 M26 Y18 K0
R219 G195 B195

C19 M13 Y14 K0
R214 G216 B215

C37 M38 Y43 K0
R175 G158 B140

**Fonts:**

AUTUMUN
Poiret One / Regular

LOOK
Garamond Premier Pro /
Regular

# NG

## 文字が邪魔で情報が見えにくい

◇◇◇◇◇

1. 写真と文字が被りすぎ。 2. 線が太すぎる。 3. 線が細すぎる。 4. 中抜き文字ばかりでくどい。

# OK

## 文字がデザインのポイントに

1

2

**POINT**

シンプルなビジュアルに
ひとくせ加えたいときに
文字で遊ぶのは一つの技。
単純に中抜き文字にするだけで
アイキャッチが作れます。

1. ラウンドさせて親近感を。 2. 手書き文字でキャッチーに。

# 「女性らしいデザインは書体選びで決まる」

大人っぽい女性向けのデザインには、明朝体やセリフ体が向いています。
線の太さに強弱があり、流れがあるため優雅さを感じ、
大人の女性的なイメージに繋がります。
細身のゴシック体や細身のサンセリフ体は、都会的で繊細な印象を与えます。
行間や文字間を広く取ったり、周りに余白を作ることで洗練された印象を与え、
大人の余裕を感じられるデザインが作れます。

**TYPE： 明朝体**

細めの明朝体を使うと大人っぽく洗練された紙面に。特に、高級感や綺麗めな印象を作り出したいときに効果的。

**TYPE： セリフ体**

セリフ体は大人な雰囲気を作るのに適している。サンセリフ体よりもエレガントで大人びた世界観を演出できる。

**TYPE： ゴシック体**

ウエートが軽いフォントでも余白があればきちんと読ませることができ、スクリプト体と合わせるとさらに軽やかな上品さが生まれる。

**TYPE： サンセリフ体**

細身のサンセリフ体はモダンで女性的な印象に。周りに余白を設ければさらに洗練された世界観が作れる。

## Chapter 4

# GIRLY

No.19 ——— No.24

モチーフを加えたり、色をまとめたりして、
少女らしく可愛い紙面に。

# No. 19

## アパレルブランドのショップオープン広告

角版写真だけでなく、切り抜き写真と組み合わせることで紙面に動きをプラスできる。

# ピンクベージュでまとめる

一気にこなれた雰囲気に。
くすみ系ピンクでまとめるだけで、
ひとくせ感じる落ち着いた

**1.** 文字の配色や飾りも全て
ピンクベージュに統一。

POP
UP
SHOP

2/6 — 21

@MERU mall 3F
am10:00 - pm8:00

GLADIAS

**2.** 切り抜き写真を組み合わせて
立体感のある紙面に。

**3.** 写真もイラストも彩度を
敢えて落とすと大人の印象に。

---

**Layout:**

**Color:**

| | |
|---|---|
| ▨ | C13 M18 Y15 K0<br>R226 G212 B209 |
| ▨ | C28 M45 Y33 K0<br>R193 G151 B151 |
| ▨ | C17 M38 Y30 K19<br>R188 G150 B143 |

**Fonts:**

## POP

Garamond FB Display /
Semibold

## MERU

Mrs Eaves OT / Bold

1

2

3

1. 写真の背景をピンクにして、カラーのインパクトを強める。 2. モデルのリップカラーを際立たせるよう、文字情報は全て同色に。 3. ビジュアルも文字も全てを同色にして世界観を作り込む。

写真が多い紙面も彩度やカラーを揃えるだけで、ごちゃごちゃせず文字情報に目がいく。

POINT

いくつになっても女性はピンクが好き！
経験を積んだ女性が気になるピンクはひとくせ感じるピンク。
配色を統一すると見せたい雰囲気を作り込めます。

# No. 20

## ランジェリーブランドの新商品ポスター

同じ場所で撮った写真をシンプルに並べると、商品の良さが強く伝わるビジュアルに。

## 連続した写真を並べて使う

同じシチュエーションで撮られた写真を並べるだけで印象を強めることができます。

**1.** 同じ場所でいろんな角度から撮った写真を並べて商品の良さを見せる。

**2.** 文字のサイズを小さくしても余白を使うと情報がしっかり見える。

**3.** 写真の色味と背景、文字の色味を統一して世界観を作り込む。

---

**Layout:**

**Color:**

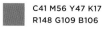 C41 M56 Y47 K17
R148 G109 B106

 C2 M22 Y13 K2
R244 G212 B208

 C24 M13 Y18 K1
R202 G211 B206

**Fonts:**

PEACH
Mrs Eaves OT / Roman

New
Sheila / Regular

# NG

## 写真を並べる効果が出ていない

⚬×⚬×⚬

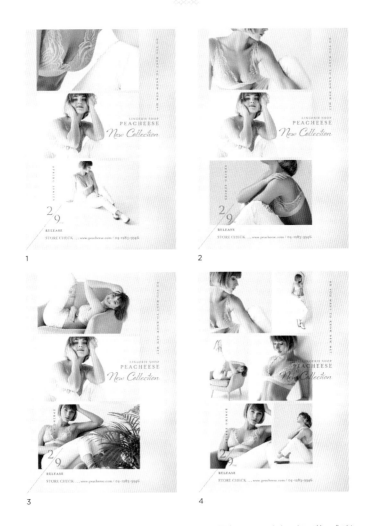

1. トリミングのサイズ感が違いすぎてアンバランス。 2. 写真のトーンがバラバラで統一感がない。
3. 商品、シーンがバラバラで世界観が作れていない。 4. 写真の数が多すぎて逆に印象が弱い。

# OK

## 写真を並べることにより情報や意図が伝わる

1

2

同じシーンでモデルの表情が違う、写している箇所が違う。その小さな変化を並べることでストーリー性が生まれ、目を引くビジュアルになります。

1. 写真の間にコピーを挟んで写真の変化を強める。 2. ポーズの違う写真を並べて世界観を作り込む。

# No. 21

アパレルブランドの
ポップアップショップ告知DM

clima

POP
UP
SHOP
OPEN

—

2.5金-2.14日
SARIS 3F

11:00–20:00

04-1293-9965
http://www.clima.jp

2021 spring & summer
collection

イラストを使うときはあしらいやフォントをコンパクトにまとめると子供っぽくならなくて◎。

## 人物の写真に手描きイラストを加える

写真の上に手描きタッチのイラストを加えるだけで必然的に可愛い紙面に。

**1.** ベタ塗りの単色イラストを写真の上に重ねて配置。

**2.** スモーキーカラーで統一するとカジュアルになりすぎない。

**3.** イラストが可愛い分フォントは細身を選んでスタイリッシュに。

**Layout:**

**Color:**

| | |
|---|---|
| | C3 M33 Y17 K0<br>R242 G191 B191 |
| | C20 M16 Y1 K0<br>R210 G211 B233 |
| | C5 M22 Y33 K0<br>R242 G209 B173 |

**Fonts:**

POP

Minerva Modern / Regular

collection

Santino / Regular

GIRLY

1

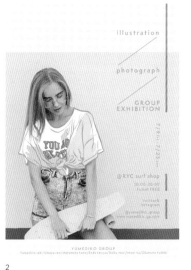

2

3

1. 写真の一部を線画イラストに差し替えて構成。 2. 写真の一部をそのままベタ塗りイラストに。
3. ベタ塗りイラストを人物写真と複雑に組み合わせて独特の世界観を。

FOORAL

写真の上に線画イラストと手書き文字を加えて女性らしいラフな抜け感をプラス。

POINT
—

写真とイラストを組み合わせると独自の世界観を作り込めます。
特に女性の写真との相性は抜群。
ラフで可愛い印象をプラスしたいときにおすすめです。

# No. 22

## 商業施設のスプリングフェアポスター

動きのあるリボン文字を入れるだけで、大人の雰囲気に程良い可愛らしさをプラス。

リボンのイラストを効果的に使うとガーリーさが加わり、デザインのポイントに。

**1.** タイトルをリボン文字で作り、注目度を上げる。

**2.** リボンの色と文字の色を合わせて、落ち着いた世界観を演出。

**3.** 写真に合わせたスモーキーカラーで統一すると子供っぽくなりすぎない。

**Layout:**

**Color:**

C37 M5 Y26 K0
R172 G211 B198

C46 M20 Y34 K0
R151 G180 B170

**Fonts:**

3.5 fri

Freight Text Pro / Book

Fair

Al Fresco / Regular

# NG

## リボンを活かせていない

◇◇◇◇◇

1. リボンが太すぎてチープに見える。 2. 柄が邪魔で更に色が写真と合っていない。
3. リボンが多すぎてくどい。 4. 大きすぎてリボンだと分からない。

# OK

## ビジュアルのアクセントとして効いている

1

2

MAIN
SAMPLE

POINT

リボンのイラストも細めにしたり、線画にしたりするだけで繊細さと上品さを表現できます。大人っぽい紙面にしたいならアクセント程度に使うのが効果的。

1. リボンの上に文字を入れてキャッチーなタイトルに。2. リボンでフレームを作り繊細な世界観を演出。

# No. 23

## 洋菓子店の新商品告知ポスター

ペールトーンなら一面に柄を入れても商品の邪魔にならず雰囲気作りに一役買ってくれる。

**1.** 商品カラーに合わせた緑で
商品のイメージを最大限に表現。

ペールトーンの背景に
繊細な柄を敷く

綺麗な澄んだベースカラーには線の細い柄がぴったり。上品な雰囲気を演出できます。

**2.** 背景と上手く溶け込むよう、
線の細い柄で同系色に。

**3.** 和文も細身のフォントだと、上品で
程良い和テイストを演出できて◎。

**Layout:**

**Color:**

C33 M14 Y40 K0
R184 G200 B164

C78 M55 Y82 K18
R66 G94 B66

**Fonts:**

*GREEN*

Park Lane / Bold

期間限定

TA-ことだまR

GIRLY

# NG

## 商品の良さが伝わってこない

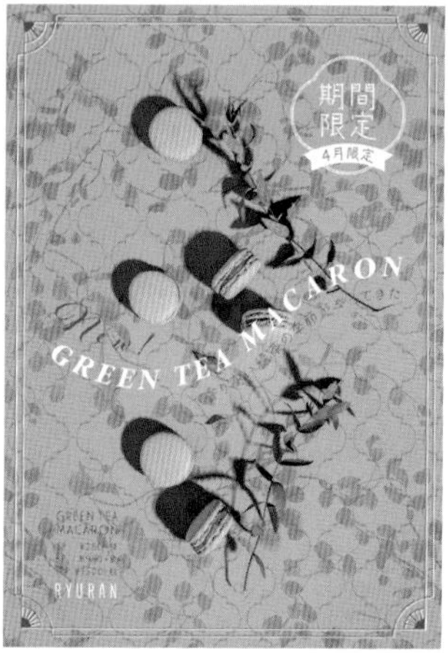


1

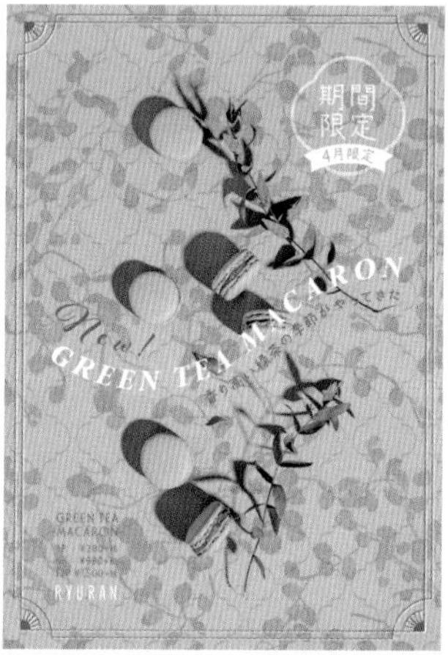


2

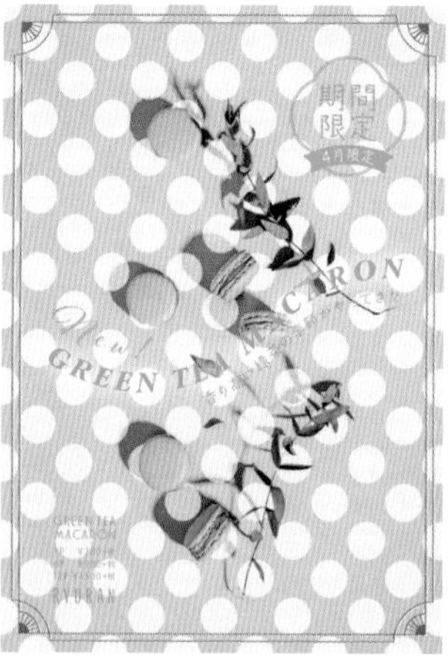


3

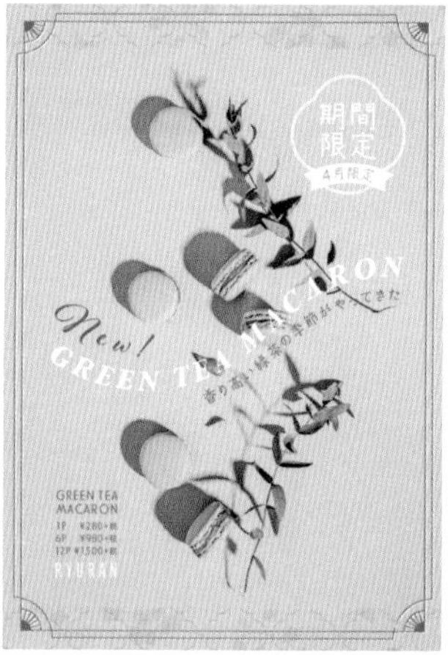


4

1. 配色がビビッドすぎる。2. 地味すぎて華やかさに欠ける。3. 柄も色も子供っぽく商品に合わない。
4. 柄が入っている意味がない。

# OK

## 配色と柄で上品な印象が伝わる

1

2

MAIN
SAMPLE

POINT

ペールトーンの背景だけでもパッと華やかになりますが、そこに上品さをプラスするなら細身の柄を同系色で入れるとより効果的です。

1. 細い柄を白抜きで入れてエレガントさを。2. 線画イラストで華やかさを。

# No. 24

## コーヒーショップのオープンチラシ

手描きタッチのテクスチャを使用して女性の心をつかむパッケージに。

# 手描きテクスチャを使う

手描きでラフに描きなぐったようなタッチのテクスチャを使うだけで紙面に動きと華やかさが生まれます。

**1.** サイズ違いの手描きテクスチャを重ねてパターン柄に。

**2.** ペールトーンで統一するとポップすぎず程良い華やかさに。

**3.** 丸いフォルムのフォントでもレイアウトをシンプルにすると可愛くなりすぎず品があって◎。

---

**Layout:**

**Color:**

C47 M28 Y19 K0
R148 G168 B188

C3 M20 Y16 K0
R246 G216 B207

C7 M6 Y55 K0
R243 G232 B137

**Fonts:**

GRAND
Dunbar Low / Light

COFFEE
Domus Titling / Regular

1

2

3

1. 背景に大きく一筆だけテクスチャを配置してインパクトを。 2. 写真の上にタッチの違うテクスチャ
を配置してコラージュ風に。 3. ベタ塗りテクスチャの上に文字を配置して動きのある紙面に。

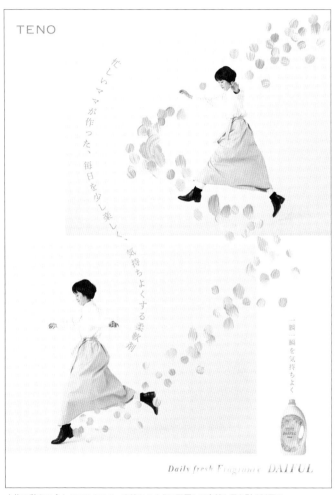

TENO

だらしくママが作った、毎日を少し楽しく、気持ちよくする柔軟剤

一瞬一瞬を気持ちよく

*Daily fresh Fragrance* DAITUL

人物の動きに合わせてテクスチャを流れるように配置して自然と目を引く紙面に。

POINT
—

ラフな手描きタッチのテクスチャは使い方次第で
いろんな表情を紙面に表現できる最適なツールです。
特に女性はこのラフな抜け感が大好き！

## 「手書き文字で女性の心をつかむ」

近頃、ポスターや商品、Web サイトなど、様々なところで手書き文字をよく見かけませんか？ アナログで書いた文字を取り入れると程良い抜け感が生まれ、見る人の目を引き、印象に残るデザインを作ることができます。
ペンでさらっと書いた文字はリラックス感を演出し、女性の心をつかみます。
他にも、文字を手書きにすることで以下のような効果があります。
ぜひ、手書き文字を効果的に使い、見る人の心を動かすデザインを作ってみてください。

### メッセージ性が強い

手書きにすると、PC で打った文字と比べて、より思いが込められているような印象に。

### 親しみやすさや温もりを感じる

手書きの風合いがデザインに味わいを加え、見る人に親近感を与える紙面に。

## Chapter 5

# STYLISH

No.25 ——— No.30

ちょっとしたテクニックで、
紙面が締まり、スタイリッシュなデザインに。

## パティスリーの店内POP

全体のトーンを揃えることでグラデーションと写真が上手く馴染む。

**1.** 写真の雰囲気や世界観を壊さないように、柔らかい印象のグラデーションに。

写真の上にグラデーションを敷く

写真の上にグラデーションを敷くと、お洒落で洗練された印象に。

**2.** タイトルを大きく扱うことで、紙面にメリハリをつける。

**3.** グラデーションや写真の類似色を使うことで全体にまとまりを。

STYLISH

---

**Layout:**

**Color:**

C22 M10 Y10 K0
R207 G219 B224

C0 M42 Y38 K0
R245 G172 B146

C0 M5 Y10 K2
R254 G245 B232

**Fonts:**

EloquentJFPro / Regular

TOKYO

Stymie / Regular

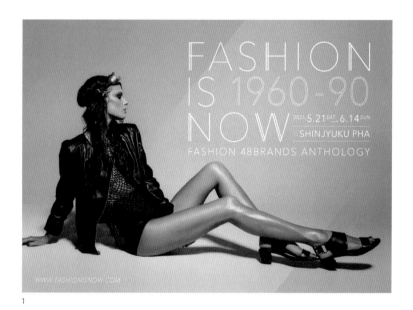

1

2

3

1. 写真の黒で紙面を引き締め、シックな印象に。 2. 一箇所にだけポイント使いすることで紙面にインパクトをつける。3. モノトーンの写真に被せるとお洒落で落ち着いた雰囲気に。

写真ごとにグラデーションをつけることで紙面にリズムとメリハリをつける。

POINT
—

写真を一色にしたり、色数を抑えるとシックで
スタイリッシュな印象が作れます。また、背景写真の上に
透過して重ねると独特の世界観が演出できます。

# No. 26

## イラスト展の告知ポスター

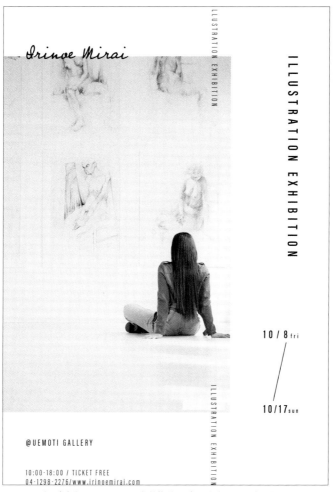

モノクロ写真と余白広めのレイアウトは相性抜群。一気に洗練された印象を作り出せる。

# モノクロ写真で構成する

モノトーンの写真を入れるだけで
クールで洗練された印象に。

**1.** 手書き文字を一部にだけ
使うことでデザインのポイントに。

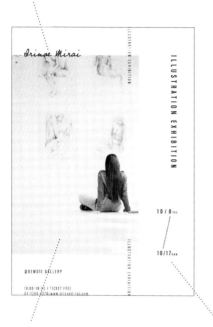

**2.** 潔くモノクロ写真に
合わせて全てモノトーンに。

**3.** 余白を大きく作り
文字サイズを小さめにすると
スタイリッシュな印象に。

---

**Layout:**

**Color:**

■ C0 M0 Y0 K100
R0 G0 B0

□ C0 M0 Y0 K0
R255 G255 B255

**Fonts:**

# ILLUST

Acumin Pro /
ExtraCondensed Semibold

*Irinoe*

Professor / Regular

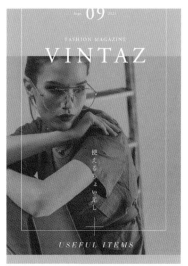

1

2

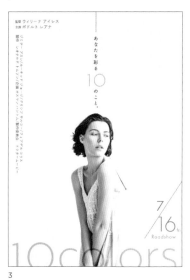

3

4

1. 背景色にモノクロ写真を乗算すると雰囲気のある紙面に。 2. 角版写真を重ねて配置し、紙面に動きを。
3. 文字色を一色だけ使って視線を集中させる。 4. カラーとモノクロを組み合わせて注目度を上げる。

写真の一部のみをカラーにして、手描きラインをプラスし、色への注目度を上げる。

POINT
—

モノクロ写真は見せ方一つで
様々な雰囲気を作り出すことができます。
大人な雰囲気を演出したい際には一部をモノクロにしてみると◎。

# No. 27

## ファッション雑誌の表紙

AUTUMN 2021
ISSUE 3

# DONOW

銀座・青山・表参道
最新スナップ
アパレル店員＆サロンスタッフ
50名／今欲しいアイテム大調査

HOW DO YOU FEELING

IN THIS AUTUMN?

COLOR ON COLOR
大人のカラーの遊び方
WONDER 33 / INKZ / MM / DEBO SOUCE
GILDENS / COMMON SENTENS / KITTU

今注目のスタイリスト15名の
WORKSTYLE

09
SEPTEMBER

タイトル以外は全て斜めに配置することでタイトルが目立ち、紙面に動きが出る。

# 文字に角度をつけて配置する

文字を斜めに配置すると紙面に動きが出てシャープな印象が作れます。

**1.** タイトル以外は全てバラバラの角度でランダムに配置。

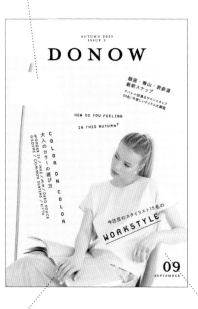

**2.** レイアウトで動きを出す分配色は抑えめにしてメリハリを。

**3.** 縦組みと横組みを組み合わせて面白味をプラス。

STYLISH

---

**Layout:**

**Color:**

C12 M7 Y7 K0
R229 G232 B234

C17 M18 Y20 K0
R219 G209 B200

C0 M0 Y0 K100
R0 G0 B0

**Fonts:**

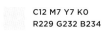

Mrs Eaves /
Roman All Petite Caps

Platelet OT / Regular

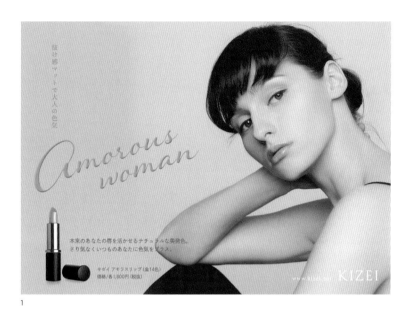

1

2

3

1. 一部のみ斜めに配置して注目度を上げる。 2. 写真の背景の角度に合わせて文字を配置し、奥行きを感じる紙面に。 3.十字に固まりで斜めに配置してインパクトを。

文字も罫線も全て同じ角度で斜めに配置。統一感と固まり感があり視線を集中させやすい。

POINT
—

ポイントで、全体で、被写体に合わせてなど、
いろんな方法で斜めに文字を組むと紙面に動きが加わり
シャープでスタイリッシュな印象が作れます。

## 花器作家の個展告知DM

ベタ帯をポイントで使うことで紙面にメリハリができ、重要な文字情報に視線が集まる。

**1.** 黒ベタに白抜き文字で
シンプルにレイアウト。

文字とベタ四角を
組み合わせる

文字情報の背景にベタ塗りの四角を入れるだけで
紙面が引き締まり、文字情報への注目度が上がります。

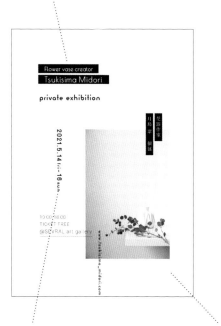

**2.** 丸いフォルムのフォントを
合わせて柔らかさをプラス。

**3.** 余白を大きく作ることで
文字と写真への注目度をUP。

---

**Layout:**

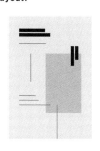

**Color:**

■ C0 M0 Y0 K100
R0 G0 B0

C13 M7 Y7 K0
R227 G232 B234

■ C75 M50 Y90 K18
R72 G101 B57

**Fonts:**

Flower
Poiret One / Regular

private
Reross / Quadratic

1

2

3

4

1. カラーのベタ帯を敷いて賑やかな雰囲気に。　2. 文字の上にベタを敷いて隠れた文字情報に興味を。
3. 文字幅より狭いベタ帯で緊張感のある紙面に。　4. 複雑な形のベタ帯にして紙面にリズムを。

写真に透過したベタ帯を敷いて抜け感をプラス。

POINT

ベタ帯を使うことで紙面に動きが生まれ、
文字を羅列するだけより面白味のある構成になります。
フォントを細身にしたり余白を使うとキツイ印象になりすぎず◎。

# No. 29

アパレルブランドの新商品告知ポスター

整列配置することで整理された空間に。罫線が文字を繋ぐことで堅苦しくなりすぎず◎。

# 文字と罫線を組み合わせる

文字と罫線を上手く使うと、文字だけでは表現しきれないスタイリッシュな世界観を作り出せます。

**1.** 彩度を落とした写真の上に
文字を白抜きでシンプルに整列。

**2.** 文字の間を罫線で繋いで
一つの文章に。

**3.** 丸いフォルムのフォントと
縦長フォントを組み合わせて
面白味をプラス。

---

**Layout:**

**Color:**

 C67 M40 Y60 K1
R100 G133 B111

 C40 M17 Y36 K0
R167 G189 B169

 C43 M36 Y57 K0
R161 G156 B118

**Fonts:**

# NEW
Adrianna / Bold

# START
Bebas Neue / Regular

1

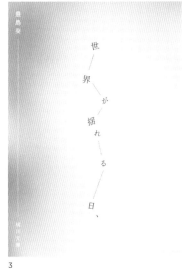

2

3

1. 大胆に文字の上に斜めの罫線を置いてインパクトを。 2. 文章の上にランダムな罫線を置いてタイトルに視線を集中。 3.文字も罫線もランダムに配置し紙面に流れを。

文字と罫線を一体化して一つのロゴに。

POINT
—

文字を繋いだり、文字の上に重ねたり、文字と一体化させたり……
罫線との組み合わせは多種多様。
文字にひと工夫して紙面に流れを作りたいときにおすすめです。

地域情報フリーペーパーの表紙

STYLISH

published by ROCCA

2021.11.8 Mon. release

TOKYO
GINZA
CITY
presents

# ROCCA JOURNAL

Special
Issue **02**
—
TAKE FREE

東京を刺激するフリーペーパー

*Choose your city.*

特集
あの人の街の歩き方

## FOOD
東京・銀座にNew OPENしたカ
フェ「POOL」を皮切りに続々と
コーヒースタンド、カフェがオー
ブン！今注目のエリアをレポー
ト。読者プレゼントあり。

人気コラム「店主の深夜飯」。
—
## FASHION
丸の内・銀座・横浜の三都に広
がるドメスティックブランドの
噂。街の最新スナップと街頭イ

ンタビューを収録。レポート「あ
なたのクローゼット」も収録。

## CULTURE
スタイリスト「小池 優」のお部屋
紹介。今を感じるアイテムは…。

www.roccajournal.com

新聞のように文字を黒一色にすることで、全体のトーンがまとまりシックな印象に。

**1.** 紙面の上下に繊細な罫線を引くと新聞らしさが出る。

## 海外の新聞風に

海外の新聞風にデザインするだけで
かっちりとしたお洒落な印象に。

**2.** 角版の写真を大きく扱うことでインパクトと新聞らしさを出す。

**3.** 新聞のように分割された段組に。段の間の罫線もポイントに。

---

**Layout:**

**Color:**

C0 M0 Y0 K100
R0 G0 B0

**Fonts:**

# ROCCA

Adobe Caslon Pro /
Semibold

# TOKYO

DINOT / Medium

# NG

## 表現が新聞らしくない

◇◇◇◇◇

1. 手書きや角丸の書体を使うと新聞らしく見えない。 2. 色数が多いため新聞らしく見えない。
3. 切り抜き写真で新聞らしさが半減。 4. 本文の文字が多すぎると表紙としてのインパクトが出ない。

# OK

## 新聞らしさを意識する

1

2

**POINT**

色数を絞ったり、罫線を入れることで
より雰囲気が出て
新聞のようなデザインができます。

MAIN
SAMPLE

1. 地に色を敷いてお洒落に。 2. サンセリフ体を使って現代的な印象に。

# 「 アイコンを活用して洗練されたデザインに 」

一つの紙面上に情報が多く、伝えたい要素が複数ある場合は、図形などと組み合わせてアイコン化するのが効果的です。

情報が整理されて分かりやすくなるだけでなく、余白を作りやすいため、スッキリまとまった清潔感のある紙面を作り出せます。

また、図形を使うと要素をより目立たせることができ、視覚的にも分かりやすくなります。強調したいからといって、文字を大きくしたり色数を増やしたりするとごちゃごちゃした印象を与えるため、図形を効果的に使ってまとめてみましょう。

**BEFORE**

**AFTER**

>>>

文字の羅列と色数の多さで、商品の特徴や上質さが伝わりにくい。

商品イメージに合ったアイコンを使用することで情報がコンパクトにまとまる。

&cosme ランキング
ボディーミルク部門 **第1位**

>>>

潤い保湿成分たっぷり配合

5種類のセラミド配合

7種類の植物オイル配合

12種類の植物エキス配合

>>>

| 5種類の<br>セラミド<br>配合 | 7種類の<br>植物オイル<br>配合 | 12種類の<br>植物エキス<br>配合 |
|---|---|---|

潤い保湿成分たっぷり配合

## Chapter 6

# FEMININE

No.31 ——— No.36

女性らしい優しい表現を使うことで、
フェミニンで洗練された印象に。

# No. 31

## インテリアショップのショップDM

複数枚の内、数枚を重ねてランダムに配置。余白を多めに作るとスッキリまとまる。

FEMININE

**複数の写真を重ねて配置する**

写真をたくさん配置したい場合は、ランダムに重ねると凝った見え方に。

**1.** 写真サイズを変えて画面にメリハリを。

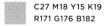

**2.** 余白を意識して配置し、写真の多さを感じさせない。

**3.** 全てを重ねるのではなく、ポイントとして数枚重ねて配置。

---

**Layout:**

**Color:**

C78 M73 Y65 K31
R63 G62 B68

C14 M21 Y18 K0
R224 G206 B201

C27 M18 Y15 K19
R171 G176 B182

**Fonts:**

LIFE'S
Garamond FB Display /
Regular

OPEN
Canto Pen / Light

# NG

## 写真の多さが際立ちごちゃついて見える

1

2

3

4

1. 重なりすぎている。 2. 散らばりすぎている。 3. サイズに強弱がない。 4. 色のトーンが違いすぎる。

# OK

## 余白を作ってスマートな印象に

1

2

POINT

写真をたくさんレイアウトする場合は、トーンを合わせましょう。写真は複数枚重ねて余白を作るとスッキリまとまり、ラフで大人な雰囲気を演出できます。

1. 写真を数枚に絞ってシンプルに。 2. 手書き文字を加えて抜け感を。

## フォトスタジオの広告

細いペンで書いた文字なら大きく配置しても悪目立ちせず世界観を作り出せる。

## リラックスした手書き文字を入れる

敢えてキャッチコピーを手書き文字にすると柔らかい雰囲気はそのままに、印象に強く残る紙面が作れます。

**1.** 同じアングルの写真を二枚並べて印象を強く。

**2.** 余白を上手く使って手書き文字を活かす配置に。

**3.** 文字情報はシンプルに中央揃えでスッキリまとめる。

---

**Layout:**

**Color:**

C0 M0 Y0 K100
R0 G0 B0

C35 M11 Y37 K0
R179 G203 B172

C7 M2 Y15 K0
R242 G245 B226

**Fonts:**

# BUW
Bodoni URW / Regular

# Open
Imperial URW / Regular

# NG

## 手書き文字がアンバランス

<><><><>

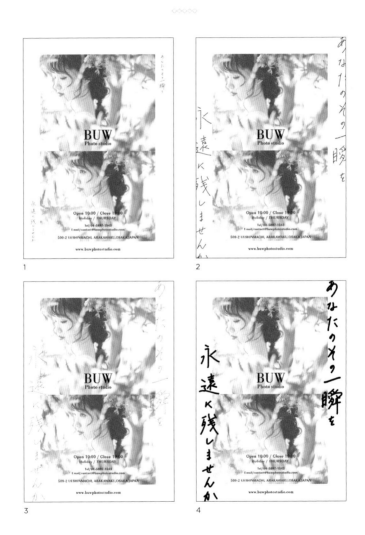

1. 文字が小さすぎる。 2. 切れすぎて読めない。 3. 細すぎて読めない。 4. 太すぎて悪目立ちしている。

# OK

アクセントとして活かせている

1

2

BUW
Photo studio

永遠に残しませんか

あなたのその一瞬を

Open 10:00 / Close 19:00
Holiday / THURSDAY
Tel / 04-2892-1313
E-mail / contact@buwphotostudio.com

509-2 US SHINMACHI, ARAKAWAKU, OSAKA JAPAN

www.buwphotostudio.com

MAIN
SAMPLE

POINT

活字でかっちりまとめている中に
ポイントとして手書き文字を
加えるだけでラフで優しい雰囲気に。
大胆に大きく扱っても
細字なら邪魔にならないので◎。

1. 中央に配置して視線を集める。 2. ラフさが加わりイラストとマッチ。

# <u>No.</u> 33

## ライブ告知DM

FEMININE

淡いトーンのグラデーションと小さくまとめた文字情報で女性の好むビジュアルに。

## パステルカラーの グラデーションを背景に

淡い配色のグラデーションで、女性らしい上品さと繊細さを表現できます。

**1.** 複雑な配色もトーンを揃えると 洗練された印象に。

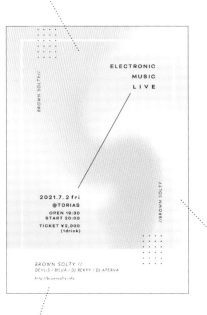

ELECTRONIC
MUSIC
LIVE

BROWN SOLTY//

//BROWN SOLTY

2021.7.2 fri
@TORIAS
OPEN 19:30
START 20:00
TICKET ¥2,000
(1drink)

BROWN SOLTY //
DEVLIS / BILUA / DJ REKYY / DJ ATERVA
http://brownsolty.info

**2.** 背景をグラデーションにして、不思議な世界観を演出。

**3.** 文字は小さくまとめることで、女性が好む繊細さをプラス。

---

**Layout:**

**Color:**

C31 M0 Y19 K0
R186 G224 B215

C2 M22 Y6 K0
R247 G215 B222

C30 M15 Y0 K0
R187 G204 B233

**Fonts:**

LIVE
Bicyclette / Regular

BROWN
Josefin Sans / Light Italic

# NG

## 見せたい世界観が伝わらない

◇◇◇◇◇

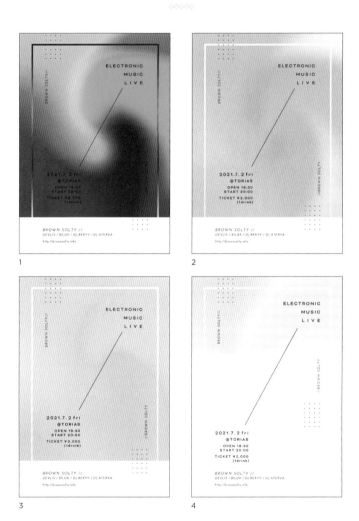

1. 配色がキツイ。 2. 配色が渋すぎる。 3. 色の幅がなさすぎる。 4. グラデーションの箇所が
少なすぎる。

# OK

## グラデーションがキービジュアルに

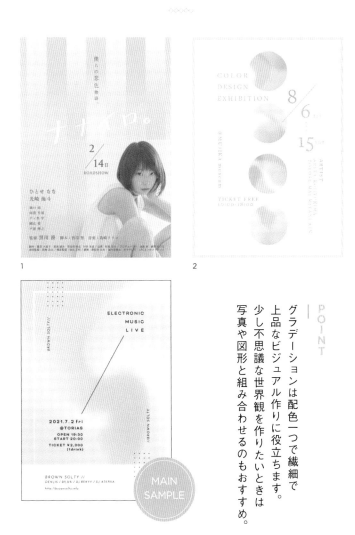

1

2

### POINT

グラデーションは配色一つで繊細で上品なビジュアル作りに役立ちます。少し不思議な世界観を作りたいときは写真や図形と組み合わせるのもおすすめ。

1. 長方形のグラデーションで艶っぽく。 2. 円形にくり抜いてポップな印象に。

## アパレルブランドの
## シークレットセール告知ポスター

MEMBERS
ONLY

Secret
SALE

UP TO
60%
DISCOUNT

3/5 fri

3/8 mon

WEB STORE・各店舗同時スタート
会員様限定シークレットセール
(※一部対象外商品あり・他割引と併用不可)

TERALIA

写真全体をぼかすことで人の興味をそそり、シンプルに組んだ文字情報が活きる紙面に。

## 写真をぼかす

写真を敢えてぼかして使うことで不思議な空気感が演出でき、見る人の興味をそそる紙面になります。

**1.** 写真全体をぼかしてインパクトを。

MEMBERS ONLY

Secret SALE

UP TO
60%
DISCOUNT

3/5 fri

3/8 mon

WEB STORE も・各店舗同時スタート
会員様限定シークレットセール
（※一部対象外商品あり・他店舗と状態不可）

TERALIA

**2.** 文字や飾りはシンプルにして文字情報を読ませる構成に。

**3.** ヌーディーカラーでまとめて大人っぽく落ち着いた雰囲気に。

---

**Layout:**

**Color:**

C27 M32 Y28 K0
R196 G176 B172

C12 M34 Y28 K0
R225 G182 B171

C48 M60 Y66 K8
R144 G107 B84

**Fonts:**

*Secret*

Bernina Sans / Compressed
Semibold Italic

UP TO

Freight Text Pro / Book

1

2

3

4

1. 一部のみぼかす。 2.写真の上に違うテクスチャを被せ質感を感じさせる紙面に。
3. 切り抜き写真をぼかして文字と構成しユニークな仕上がりに。4.手以外をぼかして手に視線を集中。

背景とメインに同じ写真を使い、背景だけぼかすことでメイン写真に目がいく構成に。

POINT
—

何かを隠されると気になる人の心理を突いた表現方法。
部分的に、全体的に、ぼかす範囲や位置を紙面情報の意図に沿って
使い分けると面白い構成になります。

# No. 35

## コスメの新シリーズ告知ポスター

ビジュアルと文字情報全てをキーカラーと同色にすることで世界観がより作り込める。

## 同色でまとめる

商品ボディや紙面背景と同色カラーで
文字情報を統一すると
グッと大人の雰囲気が作り込めます。

**1.** パッケージから紙面まで
同色で全てまとめて統一感を。

**2.** フォントは細身フォントで
揃えると女性らしくまとまる。

**3.** パッケージの柄も線の細い柄に
することで繊細な印象をプラス。

FEMININE

---

**Layout:**

**Color:**

C22 M38 Y36 K0
R206 G168 B152

C12 M45 Y47 K0
R224 G159 B127

C 5 M30 Y26 K0
R239 G194 B179

**Fonts:**

SKiNA
MinervaModern / Regular

COSMETIC
Bernino Sans /
Compressed Light

# NG

## ターゲット層と配色が合っていない

◇◇◇◇

1

2

3

4

1. 無難で年齢層が上すぎる。 2. ポップすぎて幼い。 3. 彩度が近すぎて視認性が低い。
4. 男性的な配色で女性らしさがない。

# OK

## 見せたい世界観が伝わる

1

2

MAIN SAMPLE

**POINT**

グラフィックと文字情報の色を変えて双方目立つようにするのが一般的ですが、敢えて全て同色にすると世界観が伝わりやすい紙面になります。

1. 文字を立体表現にして視線を集める。 2. 商品写真と同色にして一面で世界観を伝える。

**36**

## ボタニカルショップのオープンDM

細身の線画イラストは文字との相性が良いため、ロゴっぽい表現をしたいときに最適。

## 繊細な線画を使う

細身の線画イラストを使うと、
女性らしい繊細さが表現できます。

**1.** イラストと文字を組んで、
ロゴマーク風に。

**2.** セリフ体でまとめて
上品な印象を。

**3.** 色数を絞って
ブランドイメージを作る。

---

**Layout:**

**Color:**

■ C60 M44 Y57 K0
R121 G132 B113

■ C48 M39 Y37 K0
R149 G149 B149

■ C49 M22 Y43 K0
R144 G174 B152

**Fonts:**

# SHOP

LTC Caslon Pro / Bold

## *JULY*

Park Lane / Light

1

2

3

1. 写真の上に白抜きで配置して、世界観を演出。 2. 線の細いピクトグラムをシンプルな構成で魅せる。
3. 幾何学模様と線画を合わせて無機質な印象に。

線画でシンプルなパターン柄を。和柄でも細身のイラストなら繊細な雰囲気を演出できる。

POINT
—

線画イラストといってもいろんな種類があります。
テイストに合わせてチョイスして文字と組み合わせると
一味違った独特の世界観が作り出せます。

# 「 大人女子が好きなビジュアルの選び方 」

**PHOTO** 写真の選び方のポイントは「わざとらしくない」こと

風景写真・人物写真ともに、シーンの一部分を切り取ったような自然体な写真を選ぶと大人っぽく、お洒落な紙面になります。色数が多すぎない、背景がごちゃごちゃしていない、色のコントラストが強すぎないこともポイントです。

**ⓐ** 視線を外した横顔の自然な表情が大人っぽく抜け感のある印象に。太陽光やピントのぼかし方も柔らかく女性らしく見えるポイント。（P146参照）

**ⓑ** 写真の中の色数を三色に抑えているので、物量は多いが子供っぽく感じない。あるワンシーンのようにラフに物を配置しているのも抜け感を出すポイント。（P171参照）

**ILLUST** イラストを使って遊び心のある、大人な抜け感を作り出す

イラストを上手に取り入れると、紙面に抜け感が出てよりお洒落に仕上がります。紙面の色とトーンを合わせ、色数を使いすぎないようにすると、遊び心がありながらも大人っぽさは失わず、女性らしいデザインに。

**ⓐ** 細い線で写真のモチーフをラフに描くことで、写真だけでは少しクールだと感じるデザインに女性らしいニュアンスをプラス。（P101参照）

**ⓑ** 塗りで使う面積が比較的大きなイラストも、きちんと写真とトーンを揃えるだけで紙面がまとまって見え、シックなイメージに遊び心がプラスされる。（P98参照）

## Chapter 7

# MODERN

No.37 ——— No.42

ポイントを押さえてデザインすると、
モダンでシックな雰囲気に。

## JAZZ ライブの告知DM

GOLD ACTAR
*JAZZ live concert*

2021.**4.17** sat
@ TWB Ceremony Hall
Open 18:00 | Start 19:00
Ticket | 5,000yen

— Reservation info ——→ http://www.goldactar.info
Twitter | Facebook ——→ @gold_actar

タイトルとフレームだけ白抜きにすることで、視線が中央に集中して一気に読ませる効果が。

太い罫線の四角を使う

太い線のフレームを使うと画面が引き締まり、より注目度が上がります。

**1.** フォントは縦長のセリフ体に統一して、大人の雰囲気を演出。

**2.** 背景は抑えめの二色にして華やかさと落ち着き感を。

**3.** ライブタイトルとフレームのみを白抜きにして視線を集める。

**Layout:**

**Color:**

C21 M16 Y15 K0
R209 G209 B210

C17 M24 Y18 K0
R217 G198 B197

C75 M75 Y75 K50
R54 G46 B43

**Fonts:**

LTC Bodoni 175 / Italic

Adorn Pomander /
Regular

1

2

3

4

1. 写真を全面背景にして文字情報を見せる。 2. フレームとして使い背景写真と差別化する。
3. コピーのみをフレームで囲い注目度を上げる。 4. 切り抜き写真や図形と組み合わせてポップに。

文字と組み合わせたフレームにして一体感を。

POINT
—

太い罫線で文字情報を囲うと
必然的にその中の情報に視線が集まります。
ビジュアルをグッと引き締める役割も担うのでアクセントとしても効果的。

# <u>No.</u> **38**

## コスメショップのセール告知DM

a storewide sale

MODERN

CLEARANCE
SALE

2/8 MON

START

MAX 80 %OFF
ONLY 1 WEEK

DIA LIA cosme shop

細身で上品な書体だと、大きく数字を配置しても洗練された印象に。斜線との相性も◎。

# 数字を大きく扱う

メインビジュアルとして数字を大きく使うとインパクトの強い紙面が作れます。

**1.** 数字をズラして配置し、スタイリッシュな印象に。

CLEARANCE
SALE

2/8 MON

START

MAX 80 %OFF
ONLY 1 WEEK

DIA LIA cosme shop

*a storewide sale*

**2.** 数字以外の文字情報は、コンパクトにまとめる。

**3.** 細身のセリフ体でまとめると、洗練された女性らしさが。

**Layout:**

**Color:**

C69 M61 Y58 K8
R97 G97 B97

C7 M5 Y5 K0
R240 G240 B240

**Fonts:**

2/8

Canto Pen / Light

SPRING

Trajan Pro 3 / Regular

MODERN

1

2  3

1. 数字を全面に配置して柄のように扱い面白さを。 2. 細身の書体を写真の背面に配置して一体感を。
3. 写真を数字でトリミングしてインパクトを。

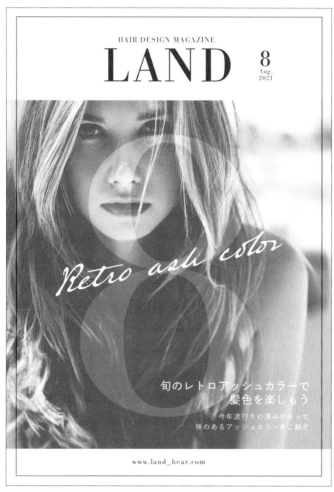

写真の上に透過して配置すると、背景を邪魔せず自然と目がいくデザインに。

## POINT

———

普段サブ扱いが多い数字を敢えて大きく扱うことで、
インパクトが加わり注目を得やすい紙面に。
数字の使い方をアレンジするだけで様々な表現ができます。

商業施設の
リニューアルオープンポスター

大胆に大きな円を写真に透過して配置すると一気にレトロモダンな雰囲気に。

## 円を使う

円の使い方は様々ですが、ビジュアルに円を加えるだけでモダンで近代的な印象を作り出せます。

**1.** 写真の空間に合わせてキャッチを斜めに配置し、紙面に動きを。

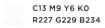

**2.** 円のモダンな雰囲気に合わせて丸みのあるサンセリフ体に統一。

**3.** 写真の上に大きい円を重ねて透過し、インパクトを。

---

**Layout:**

**Color:**

C36 M36 Y49 K0
R177 G161 B132

C13 M9 Y6 K0
R227 G229 B234

C49 M63 Y82 K33
R115 G80 B47

**Fonts:**

RENEWAL
Bicyclette / Regular

10:00
Co Text / Regular

1

2

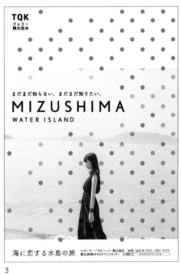

3

1. 円をフレームとして使い、デザインのポイントに。 2. 文字の上に円を乗せて印象的な紙面に。
3. 全体に小さな整列された円を散りばめて動きをプラス。

大きな円を一つだけ使うことでインパクトを。視線を集中させる効果もあって◎。

## POINT
—

円を大きく使うか、小さく使うか、ランダムに配置するかなど、
使い方によって雰囲気がガラッと変わります。
意図に合わせた使い方を見つけて洗練された紙面に！

# No. 40

## グループ展の告知ポスター

2021

PAPER DESIGN

SUKAMORI ART TOWER

PAPER DESIGN EXHIBITION

PAPER DESIGN

OPEN 10:00 CLOSE 18:00
TICKET FREE
034-1897-4432

ARTIST

MORIUCHI DAIZO  MIMURA TAISEI
KITAMURA KUMI  MIKUNI SACHI
SAWANARI TOMOYA  TOMINAGA SERI
MURAKAMI ICHIKO

PAPER DESIGN

8.6 fri - 8.15 sun

文字情報のみのシンプルな構成ならサイズ感を変えたり全体に散らして配置すると◎。

# 文字情報のみで構成する

ほかの要素を一切使わず
文字のみでシンプルに構成すると、
洗練されて近代的な印象が作れます。

**1.** 配色はシンプルに一色だけで
モダンで近代的なイメージに。

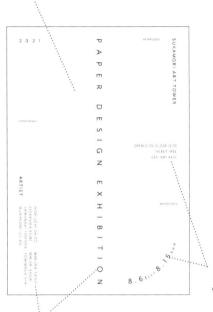

**2.** 敢えてフォントは統一し、
太さだけを変えて統一感を。

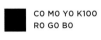

**3.** 文字に大小の差を作り
紙面に動きを。

---

**Layout:**

**Color:**

■ C0 M0 Y0 K100
R0 G0 B0

□ C0 M0 Y0 K0
R255 G255 B255

**Fonts:**

P A P E R
Mr Eaves Mod OT / Book

OPEN
Mr Eaves Mod OT / Light

1

2

3

1. 手書き文字を一部加えるだけで柔らかい印象に。 2. 文字を大きく全面に配置してインパクトを。
3. 書体違いの文字を被せて配置するだけでポイントに。

越えたら、ほら。

HARU WO

KOETARA HORA

春を

HARU WO

KOETARA

HORA

蜷川文庫

春を越えたら、

ほら。

HARUNO MASAKAZU

著　春乃　優和

和文と欧文を組み合わせると一気に近代的な動きのある面白い構成に。

## POINT

——

文字だけでも様々なバリエーションが作れ、
シンプルだからこそ画面構成が面白く、工夫次第で
逆に目を引くビジュアルを作りやすいのがポイントです。

# No. 41

## 焼き菓子専門店のDM

写真の枚数が多いときは同じ形で整列配置するとスッキリまとまった印象に。

# グリッドデザインで清潔感を

グリッドに沿って規則的に写真を整列させると、清潔感と誠実さを感じられる紙面を作ることができます。

**1.** 中央に全て同じ大きさの
写真を整列させて清潔感を。

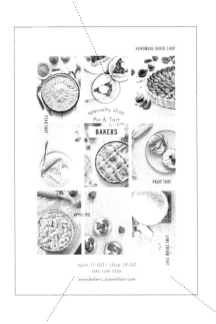

**2.** 文字情報は全て細身の
サンセリフ体で統一。

**3.** 余白を大きく作ることで
写真と文字情報に視線を集中。

---

**Layout:**

**Color:**

C5 M23 Y39 K0
R241 G206 B161

C75 M75 Y75 K50
R54 G46 B43

C20 M68 Y49 K0
R205 G109 B106

**Fonts:**

*Pie & Tart*
Josefin Sans / Light Italic

**BAKERS**
Alternate Gothic No3 D /
Regular

# NG

## 目が散って情報が入ってこない

◇◇◇◇◇

1

2

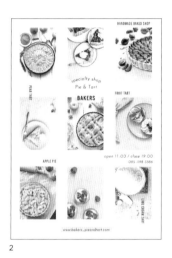

3

4

1. 間隔がバラバラで見づらい。 2. 間隔が空きすぎていてグリッドが成立していない。
3. バラバラに配置されすぎていて目が散る。 4. 罫線が太く圧迫感があり文字情報が入ってこない。

# OK

## 整理されていて見やすい

⬦⬦⬦

1

2

MAIN
SAMPLE

POINT

使用したい写真が多いときに最適な
テクニックです。一枚の写真に
敢えてグリッドを加えても
インパクトのあるビジュアルになり
面白味のある紙面が作れます。

1. サイズがバラバラな写真もグリッドを使うと整理されて見やすい紙面に。
2. 一枚の写真に敢えてグリッドを加え文字情報を整理。

# No. 42

## 花屋の定期便広告

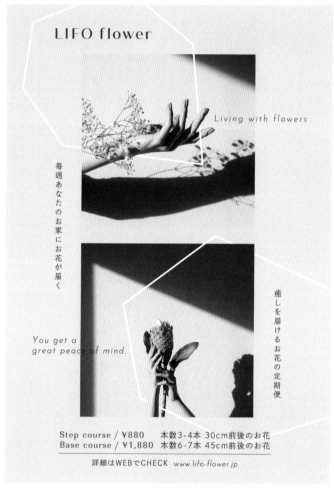

幾何学模様と写真を一つのビジュアルとして構成すると面白味のある表現に。

## 幾何学模様を使う

幾何学模様をグラフィック要素に加えると
よりキャッチーに、より近代的な雰囲気を
演出できます。

**1.** 写真の動作と幾何学模様を交差し
一体感のある構成に。

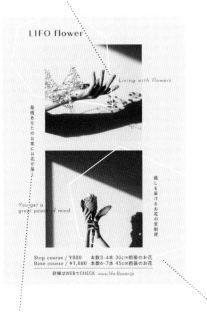

**2.** 和文は筆系書体で
品の良さをプラス。

**3.** 写真と馴染む落ち着いた
トーンで全体を統一。

---

**Layout:**

**Color:**

C14 M9 Y11 K0
R225 G227 B225

C14 M13 Y18 K0
R225 G220 B208

C78 M73 Y73 K44
R52 G53 B51

**Fonts:**

# flower

Quiche Sans / Medium

## お花が届く

FOT-クレー Pro / DB

1

2

3

1. 曲線と直線を組み合わせる。 2. 幾何学模様と罫線を組み合わせる。
3. 水彩タッチと無機質な幾何学模様を組み合わせる。

New

Spring

Collection

has come

CUURE

www.cuure-japan.ne.com

2021 SS LOOKBOOK

now showing

幾何学模様のパターン柄を写真の上に透過して独特の世界観を演出。

## POINT

幾何学模様を使うだけで一気にお洒落でこなれた紙面を
作り出すことができます。オブジェクトとして、
模様としてなど様々な使い方を駆使して遊んでみましょう。

## 「 写真の色合いは女性の心を動かす鍵 」

デザインの仕上がりを大きく左右するのが、写真の色合いです。紙面の色味（ベースカラー）と写真の色味・明度・彩度を合わせることを意識して色調整しましょう。せっかくベースカラーやフォント、レイアウトなどを品良く仕上げても、写真の色が浮いてしまうとそれだけで台無しになってしまいます。

ORIGINAL

この元画像を、紙面の色味に合わせて調整。このままではコントラストも強く、色味も青みが強いので柔らかい女性らしさが出せていない。
暖色の紙面、寒色の紙面それぞれに合わせて、適切な色補正を行ってみよう。

▼

○ **OK**

暖色・寒色ともに淡いベースカラーに合わせて写真の明度を上げ、彩度を落としました。さらに ⓐ は青みを抜き、赤みを足し、ⓑ は赤みを抜き、黄みを足して調整。

× **NG**

両方ともベースカラーから浮いており、紙面に統一感がない。ⓒ は陰影が濃くインパクトが強すぎる。ⓓ はベースカラーと色味が合わず落ち着きのない紙面になっている。

Chapter 8

# LUXURY

No.43 ———— No.48

素材感や使う色、表現を選んで、
ラグジュアリーで上品な印象に。

ウェディングフォトプランの広告

モノクロの写真の上に金色のオブジェクトをあしらうだけで高級感と華やかさを演出できる。

# 金色を使う

上品で特別感溢れる紙面を作り出せます。

アクセントに金色を使ってみてはいかがですか？

高級感を演出したいときは

**1.** 罫線とドットのみを金色にするだけで
華やかさと上品さが演出できる。

**2.** 写真をモノクロにすることで
金色が引き立つ紙面に。

**3.** フォントはセリフ体と
明朝体で高級感を。

---

**Layout:**

**Color:**

C0 M0 Y0 K29
R203 G203 B203

C33 M49 Y100 K0
R185 G137 B23

**Fonts:**

Suave Script Pro / Regular

ドレスレンタル

DNP 秀英明朝 Pr6 / L

1

2

3

1. 柄のみ金色に。 2. 一箇所のみ金色に。 3. 全体に金色を散らす。

文字情報のみで構成されたシンプルな紙面のアクセントとして金色を。

## POINT

—

高級志向のターゲット層に向けてデザインするなら、
アクセントカラーとして華やかで、上品さが加わる
金色を使うことをおすすめします。

# No. 44

## 結婚式の招待状

淡い色味を選ぶだけで全面に敷いても嫌味のない高級感を演出できる。

# 大理石のテクスチャを使う

大理石のテクスチャを紙面の全面や、一部に使用するだけで一気に高級感を演出できます。

**1.** 目を引くカリグラフィをポイントにする。

**2.** 文字のサイズ感を大きく変えて文字だけでメリハリを。

**3.** 背景一面に大理石を敷いて高級感を。

---

**Layout:**

**Color:**

C64 M56 Y53 K2
R112 G111 B111

C32 M7 Y13 K0
R183 G214 B220

**Fonts:**

*Taich*

Cantoni Pro / Bold

Welcome

Futura PT / Book

1

2

1. ツートーンにして商品パッケージに。 2. 線で区切ってフレームとして使う。

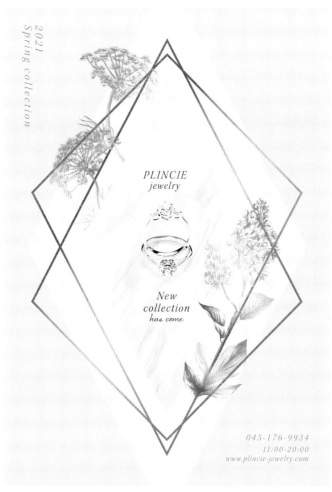

一部にのみ使っても存在感があり、上品なだけでなくインパクトのある紙面に。

## POINT

———

大理石のテクスチャは、普段と違って特別な雰囲気を
作り出したいときにとても役に立つ素材の一つです。
ベタ塗り背景を差し替えるだけで一気にラグジュアリー感が出ます。

# No. 45

## 石鹸のパッケージ

文字情報のみで構成するなら文字間を広めに、余白を多めに作ると高級な印象が作れる。

## 余白×小さい文字

上品な雰囲気を作り出したいときは余白を多めに作り、文字情報は小さめにするとグッと大人っぽく品のある空気感を演出できます。

**1.** 一部のみを箔押しにして文字間も広めにして存在感を。

**2.** フォントは細身のサンセリフ体を選ぶと上品な雰囲気に。

**3.** 文字情報を全体に散らして余白を多めに作る。

---

**Layout:**

**Color:**

C67 M59 Y56 K6
R102 G103 B102

C15 M6 Y7 K0
R223 G232 B235

**Fonts:**

LUXE

Minerva Modern / Regular

LUXUEUX

Skolar Sans Latin
Compressed / Light

# NG

## ターゲット層に合っていない

⬩⬩⬩⬩⬩⬩

1. フォントが太すぎてチープ。 2. 余白がなく圧迫感がある。 3. フォントがポップすぎる。
4. フォントがガーリーすぎる。

# OK

## 大人の余裕感が演出できている

1

2

MAIN
SAMPLE

「高級感」「上品さ」は全て大人っぽさに繋がってきます。

余白・文字間・大きさを意識すると自然に洗練されたデザインが作れますよ。

P O I N T

1. 文字をランダムに配置して緩やかな空気感を演出。
2. 小さい文字を使ってフレームを作り一つのロゴとして見せる。

# No. 46

## 香水のパッケージ

縁に黒のラインを引くと全体が引き締まりデザインのアクセントに。

# 黒を使う

黒は使い方次第で紙面を引き締め、程良いインパクトを生み出してくれる高級感を演出するには欠かせないカラーです。

**1.** パッケージの縁に黒を使って全体の印象を引き締める。

**2.** フォントは上品な印象を生み出すサンセリフ体で統一。

**3.** 罫線をさりげなく加えてデザインのアクセントに。

**Layout:**

**Color:**

C0 M0 Y0 K100
R0 G0 B0

C7 M6 Y4 K0
R240 G239 B242

**Fonts:**

# BILA
FreightText Pro / Book

## FROM F.G
GaramondFBDisplay /
Regular

1

2

3

1. 柄の一部を黒に。 2. 黒のストライプを使う。 3. モノクロ写真を使う。

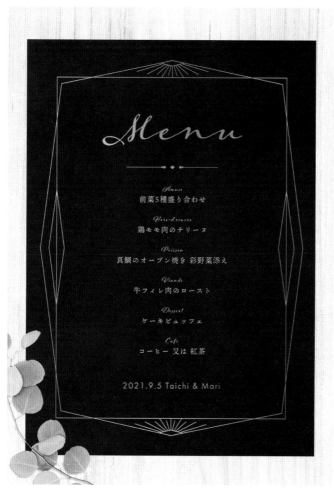

黒×金色はラグジュアリーさを出すテッパン配色。黒背景に金色アクセントが◎。

## POINT

黒は重たい印象を生み出しがちですが、上手く使うと
一気に上品で大人な世界観を作り出せます。
組み合わせる配色によって表現の幅を楽しみましょう。

# No. 47

## インテリア雑誌の表紙

細い罫線を使うと上品な雰囲気を壊すことなく視線のポイントを作ることができる。

## 細い罫線を使う

細い罫線を上手く使うことで紙面を美しく上品に整理することができます。

**1.** 罫線をタイトル下に引き視線を集中させる効果を。

LIFESTYLE & INTERIOR
MAGAZINE

# HIGH-LI

TOPIC

ワンランク上の上質なキッチン

生活感のない空間へ

*How to Look Luxury*

JUNE *6* 2021

**2.** キャッチコピーにだけスクリプト体を使ってポイントに。

**3.** イタリック体を使うとサイズが小さくても目に留まって◎。

---

**Layout:**

**Color:**

C10 M7 Y5 K0
R234 G235 B239

C72 M66 Y64 K22
R81 G79 B78

C67 M73 Y75 K41
R77 G57 B49

**Fonts:**

HIGH

Kumlien Pro / Regular

*How to*

Mina / Regular

# NG

## 罫線がビジュアルの邪魔になっている

1

2

3

4

1. 罫線が太すぎる。 2. 罫線が長すぎる。 3. タイトルと近すぎる。
4. タイトルと離れすぎ。逆に特集タイトルとは近すぎてアンバランス。

# OK

## 罫線がデザインのポイントに

1

2

LIFESTYLE & INTERIOR
MAGAZINE

# HIGH-LI

*TOPIC*
ワンランク上の上質なキッチン
生活感のない空間へ

*IUNE* 6 *2021*

MAIN
SAMPLE

POINT

罫線が入ることで紙面が引き締まり、文字情報が見やすくなります。太い罫線ではなく細い罫線を使うことが高級感を損なわないポイントです。

1. 罫線が視線の流れを生み出している。2. 斜めの罫線を入れるだけでデザインのポイントに。

# No. 48

## ブライダルシューズのポスター

裁ち切り写真の上にフレームを置くだけで視線がフレーム内へ集中し情報の伝達が速い。

フレームを使う

デザインにフレームをプラスするだけで
紙面が引き締まり、上品な世界観が演出できます。

**1.** 写真の上にフレームを
乗せるだけで高級感がプラス。

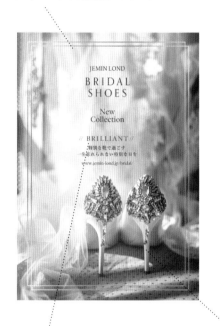

**2.** 文字情報の配置はシンプルに
中央揃えにして視線を集中。

**3.** フレームを置くことで
靴に視線が自然と流れる。

LUXURY

---

**Layout:**

**Color:**

C11 M23 Y24 K0
R230 G204 B189

C67 M73 Y75 K41
R77 G57 B49

**Fonts:**

BRIDAL

Orpheus Pro / Regular

Collection

Poynter Oldstyle Display /
Roman

1

2

3

1. 情報の一部にフレームを置く。 2. 柄背景の上にベタフレームを置く。
3. イラストと組み合わせたフレームを置く。

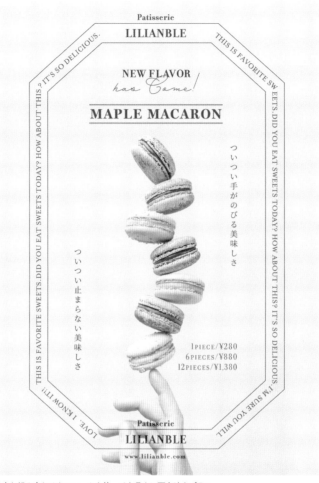

文字と組み合わせたフレームを使って上品さに面白味をプラス。

## POINT

---

フレームは視線をフレーム内に集中させる効果があり、
雰囲気作りだけでなく情報の伝達速度を上げる効果もあります。
上品に仕上げたい場合は線の細いフレームがおすすめです。

# 「ぼかし効果で品のある女性らしさを演出」

最近ではスマホの加工アプリでも手軽に使える「ぼかし」効果。
周りをぼかすことで主役を強調させたり、全体をぼかすことで幻想的な雰囲気を
演出したりと目的によって様々な使い方ができます（P155参照）。
とはいえ、ぼかし具合一つで印象は大きく変わるため、ここでは品のある大人っ
ぽいデザインに使えるぼかし効果をご紹介します。

**BEFORE**

**AFTER**

 >>>

白背景を少しだけぼかすことで（ここでは
90％）文字はしっかり読めるものの、全体
のコントラストが強まり、背景写真もあまり
見えず、お洒落な空気感が伝わらない。

背景写真自体を少しぼかした上で、文字が
読めるぎりぎりまで白背景をぼかした（70％）。
全体のコントラストを抑えることで、空気
感がより伝わるデザインに。

 >>>

濃い影は商品をより強調させることができ
るが、くどすぎると品を損なってしまう。影
の「濃さ」「長さ」は間接的に印象を左右す
る大事な効果だといえるため、調整が必要。

「うっすらと影がついている」くらいの方が、
より品のあるデザインに仕上がる。ふんわりと
浮き出すような印象がより抜け感に繋がるので、
紙面に合わせていろいろ試してみよう。

## Chapter 9

# IMPACT

No.49 ———— No.53

敢えて大胆に表現をすることで、
インパクトのある紙面に。

# No. 49

## アイシャドウの新商品ポスター

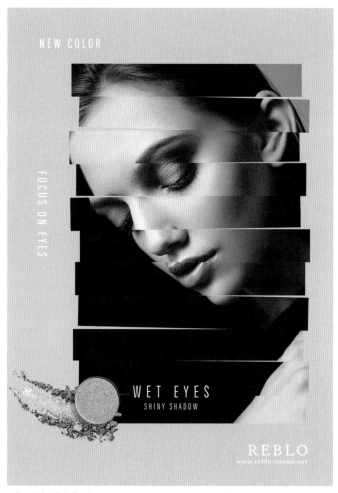

一枚の写真を複数枚に切り分けてズラすことで見る人の注目を集める紙面に。

写真をズラす

一枚の写真を切り取り、本来の位置とはズラして配置することで紙面に動きが加わり印象強い紙面を作り出すことができます。

**1.** 全体を複数枚に切り取って
ズラして並べる。

NEW COLOR

FOCUS ON EYES

WET EYES
SHINY SHADOW

REBLO

**2.** 余白を多く作ることで
写真にも文字にも注目できる。

**3.** 傾けすぎず、微妙な角度で
繊細にズラすとポップになりすぎない。

**Layout:**

**Color:**

 C22 M51 Y16 K0
R203 G144 B169

 C22 M24 Y19 K0
R207 G195 B195

 C0 M0 Y0 K100
R0 G0 B0

**Fonts:**

EYES

Titular / Regular

REBLO

P22 Stickley Pro / Text

1

2

3

4

1. 背景写真とサイズを変えてズラす。2. 写真の一部を切り取ってクローズアップした写真と組み合わせる。
3. 一部のみズラす。4. 四角で切り取ってズラして配置する。

一部を細かく切り取ってズラす。勢いと動きが加わり面白い構成に。

## POINT
---

写真を切り取って本来の位置からズラすことは
少しトリッキーな手法ですが、見せ方を工夫すると
上品さも合わせ持った面白味のある紙面が作れます。

# No. 50

## LOOKBOOKの表紙

写真の背景に合わせて文字を変形して配置することで遠近感のある紙面に。

# グラフィックに沿って 文字を置く

グラフィック素材の罫線や奥行きに合わせて文字を配置すると遠近感や動きが出てキャッチーな紙面を作ることができます。

**1.** 柱の角度に合わせて文字を変形し奥行きを演出。

**2.** 細身のサンセリフ体だと大きく扱っても重くなりすぎなくて◎。

**3.** 手前と奥で文字サイズを変え、写真との一体感を強める。

---

**Layout:**

**Color:**

C10 M5 Y5 K0
R233 G237 B239

C78 M67 Y4 K0
R74 G89 B162

C71 M53 Y40 K5
R88 G110 B129

**Fonts:**

COLLECTION
Mostra Nuova / Regular

COLASOL
Neuzeit Grotesk ExtCond / Black

# NG

## 背景と文字がかみ合っていない

1. 角度がバラバラ。 2. 斜めに配置しただけなので背景とかみ合わず違和感がある。
3. 文字を単純に並べただけなので面白味がない。 4. 大きすぎる上に角度をつけすぎて文字が読めない。

# OK

## 文字とビジュアルに一体感がある

1

2

文字の扱い方の一つとして文字を変形してビジュアルと一体化した見せ方をすると印象が強く残る紙面が作れます。

1. 背景写真のグリッドに合わせて文字を入れ込み一体化させる。
2. フレームに沿った配置にして文字情報を読ませる紙面に。

## スキンケア商品のポスター

人の写真で最も印象に残る目を隠すことで素肌の綺麗さと商品が強調される紙面に。

IMPACT

# 写真の一部を隠す

人物写真の一部を敢えて隠すことによって見る側の興味関心を引き、インパクトのある紙面を作ることができます。

**1.** ベタ帯で写真の一部を隠しその上に重要な文字情報を配置。

**2.** 印象の強い目を隠すことで肌と商品が注目される紙面に。

**3.** 文字情報は二箇所にまとめてシンプルで見やすいレイアウトに。

**Layout:**

**Color:**

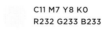

C11 M7 Y8 K0
R232 G233 B233

C9 M14 Y16 K0
R235 G222 B212

C65 M41 Y76 K0
R107 G132 B86

**Fonts:**

*ORGINAR*
Acumin Pro Wide /
Medium Italic

*LUNIA*
Baskerville Display
PT / Bold Italic

IMPACT

229

1

2

3

4

1. 写真とは異素材のテクスチャで隠す。 2. ベタ塗りオブジェクトで体の大部分を隠す。
3. 透過オブジェクトを重ねて隠す。 4. 手書きテクスチャで隠す。

別の写真を重ねて背景写真の一部を隠す。

POINT
—

写真を使ったり異素材のテクスチャを使ったり、
隠す方法は様々。写真の世界観に合ったモチーフを使って
隠してみてください。少し不思議な世界観が作れますよ。

# No. 52

## ファッション雑誌の一ページ

COLLECTION 2

*Brown & Beige*

落ち着きの中に
ゆったりとした甘さを

シンプルなブラウンやベージュのニットは冬には欠
かせないマストアイテム。使い込むほどに愛着が生
まれるニットは、落ち着いた色こそ形や素材でゆっ
たりとした甘さをプラス。品の良さも漂わせつつ大
人の余裕も感じさせる、そんな一着に出合おう。

164

紙面の三分の二を角版写真にすることで伝えたい情報が一目で分かる紙面に。

## 三分の二で区切る

ビジュアルを三分の二の割合でトリミングすると、視覚的インパクトの強い紙面を作ることができます。

**1.** キャッチコピーだけ細身の
スクリプト体にして大人の抜け感を。

**2.** 和文はシンプルで綺麗な
ゴシック体で統一。

**3.** 三分の二の角版写真を使って
写真の印象を強く残す紙面に。

---

**Layout:**

**Color:**

C13 M10 Y10 K0
R227 G226 B225

C35 M37 Y45 K0
R179 G161 B138

C49 M65 Y84 K13
R138 G94 B57

**Fonts:**

MrLeopold Pro / Regular

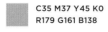

DNP 秀英角ゴシック銀 Std / M

大人の洗練を感じる
永遠の輝き

喜びの日も
悲しみの日も

美しさをまとう
あなたのために

プラチナリング K18WG ¥54,000（左）
ダイヤモンドリング K18WG ¥82,000（右）

TSUMIKA

1

find yourself
もう一人のわたしをさがして

もう一人のわたしは母親だった
2021.7.10

監督・脚本：ロリン・ブラック／原作：ラディス「ダミーダミー」
出演：アルノス・ミラ／ニコラ・ハミルトン／スフィアン・リー／ジョセフ・カルロス
音楽：Chicago Bicycles Club「Just!」　配給：コロナディア・ムービーズ
製作プロダクション：モリスファクター／©リディアスムービー製作委員会

2

PORTFOLIO

Art direction
Graphic design
Illustration

1992 ——— 2020

CHIHIRO
HIROSE

3

1. 三分の二で斜めにトリミング。2. 上から三分の二を裁ち切り写真に。3. 三分の二の写真を中央に配置。

特別な日の
お菓子教室

料理家
渡辺真侑子

日時：2021.10.17（日）
場所：STUDIO FOODIS
定員：20名
参加費：2,000円

お申し込みはSTUDIO FOODISまで
TEL：04-1235-4568（担当：前田）

三分の二の余白を作ってインパクトにプラス、文字情報を読ませる紙面に。

POINT
—

紙面の三分の二をビジュアルにする、もしくは余白にするだけで
視覚的インパクトは大きくなり、印象に残りやすい紙面が作れます。
強調したいものが何かを考えてこの分量でぜひ構成してみてください。

# No. 53

## カフェのリニューアル告知ポスター

紙面の中央にある文字情報を、敢えて写真と被せることで緊張感が生まれ注目度が上がる。

# 写真のフレームに文字を被せる

トリミングした写真のフレームに文字を被せて配置すると必然的にその文字情報へ視線が集中します。

**1.** 中央に被せて見出しを配置し、注目度を上げる。

**2.** サンセリフ体で統一してシンプルで洗練された印象を。

**3.** 詳細情報も中央に揃えて、よりタイトルを目立たせる構成に。

**Layout:**

**Color:**

 C13 M7 Y7 K0
R227 G232 B234

 C76 M61 Y52 K6
R77 G96 B106

 C8 M22 Y42 K0
R237 G206 B156

**Fonts:**

RENEWAL
Poiret One / Regular

Morning
Objektiv Mk1 / Light

IMPACT

237

1

2

3

1. 裁ち切り写真の両縁に文字を配置。 2.片側にだけ寄せて配置。 3.ぐるっと囲うように配置。

# WHITE SHIRT

×

# BROWN HAT

*Intellectual*
*+Casual*

知的さとラフさ。
どっちも欲しい。

かっちりとした清潔感
あるシャツはどんなス
タイルにもマッチする
万能選手。そこにナチュ
ラル素材のハットを加
えて品良くカジュアル
ダウン。

白ロングシャツ 23,000円＋税/カ
トレンズロジカー ナチュラルヘッ
ト 15,000円＋税/スタイルイラル

**RONDU** 041

二枚の写真の上に文字情報を分けて配置しジャンプ率を上げる。

## POINT

---

綺麗に写真と文字情報で空間を分けるのではなく
敢えて写真のフレームに重ねて置くことで紙面に面白味が加わり、
印象的な紙面を作ることができます。

●著者プロフィール

Ⓔ **ingectar-e**（インジェクターイー）

デザイン事務所 / 有限会社インジェクターイーユナイテッド / 代表　寺本恵里
【URL】http://ingectar-e.com

イラスト・デザイン素材集やハンドメイド系書籍、デザイン教本などの書籍の執筆、制作。
京都、大阪、東京で「ROCCA&FRIENDS」などカフェの運営、店舗展開、デザイン、企画などもしている。


[ 装丁・デザイン ]　ingectar-e united Co.Ltd
[ 編　集 ]　関根康浩

---

# 大人女子デザイン
## 女性の心を動かすデザインアイデア53

2020年1月15日　初版第1刷発行


[ 著　　　者 ]　ingectar-e（インジェクターイー）

[ 発　行　人 ]　佐々木 幹夫
[ 発　行　所 ]　株式会社 翔泳社
　　　　　　　　〒160-0006 東京都新宿区舟町5
　　　　　　　　https://www.shoeisha.co.jp/

[ 印刷・製本 ]　株式会社 廣済堂

ISBN 978-4-7981-6262-1　　Printed in Japan